후천적 공부머리 성장법

아이의 기질, 지능, 습관을 알면 공부의 판도가 바뀐다

후천적 공부머리 성장법

● 권혜연 지음 ●

카시오페아
Cassiopeia

"공부의 목표는 '합격'이 아니라
'성장'이어야 합니다."

　학습에 어려움을 가지고 있는 아이들과 자녀 문제로 고민하는 부모님을 만나 상담과 교육을 진행한 지 19년이 흘렀습니다. 급변하는 사교육 시장에서 상담자이자 교육학자로서 중심을 잃지 않으려 노력하며 학습의 주체인 아이들을 지원하고 응원해온 소중한 시간이었습니다. 이 책은 필자의 강의를 수강한 학부모님들의 요청으로 시작되었습니다. 시간이 갈수록 강의 요청이 늘어나다 보니 모든 강의에 응하기 어려운 순간이 왔고, 강의 내용을 다시 듣고 싶다는 학부모님들을 이제는 말이 아닌 글로 만나야겠다는 욕심이 생겼습니다.

　아이의 공부를 바라보는 부모의 마음은 늘 불안합니다. 이제 겨우 초등 1학년인데 공부하라고 재촉하는 게 맞는지, 곧 5학년인데 공부하기 싫어한다고 그냥 둬도 될지, 학교 단원평가 점수가 좋던 아이도 중학교에 올라가면 성적이 곤두박질한다던데 학원에 등록해야 하는 지…. 작은 것 하나도 놓치지 않으려 끊임없이 고민하는 부모들의 마음은 모두 같습니다.

　필자인 저 역시 마찬가지입니다. 고등학생인 아이부터 이제 갓 초등학교에 입학한 아이까지 세 아들을 기르는 엄마로서 지금 아이의 학습 속도가 괜찮은지, 학년이 올라가니 다른 과목 문제집도 풀게 할지, 학습의 강도를 높여 계획을 세워볼지 늘 고민합니다. 주변의 성공담에 마음이 흔들리고, 아이의 성적을 보면 불안한 마음이 들죠. 그럴 때마다 저는 아이와 공부의 목표를 동시에 바라보려고 노력합니다. 그리고 아이와 목표 사이의 먼 거리에 징검다리가 되어줄 '학습력'이 얼마나 자랐는지 살펴봅니다. 아이를 다그치는 데가 아니라, 아이의 성장에 저의 에너지를 활용하고 싶기 때문입니다.

　매해 자라나고 있다는 걸 떠올리면 안심이 되지만, 막상 주변 아이들과 비교하다 보면 걱정이 한두 군데가 아닌 내 아이. 크면 괜찮아진다는 주변의 이야기에도 아이의 부족함이 계속될 것 같은 불안감이 드는 건 우리가 공부의 목표를 오해하고 있기 때문입니다. 진학을 앞둔 아이의 공부 목표는 '성적 향상'입니다. 그리고 성적 향상을 통해 도달하려는 최종 목적지는 경쟁과 평가에서 살아남기일 테지요. 좋은 성적이 공부의 목표라면 수단은 한 가지입니다. 남들보다 더 많이, 더 오래 공부하는 것. 목표가 확실하니 방법도 명확합니다. 그렇다면 이제 갓 초등학교에 입학한 아이가 가져야 할 공부의 목표는 무엇일까요? 혹은 본격적으로 교과 학습이 시작되는 초등 3학년에 올라가는 아이가 가져야 할 공부의 목표는 무엇일까요?

초등 시기 아이들의 공부의 목표는 '합격'이 아닌 '성장'이어야 합니다. 성장기에 있는 초등 아이는 공부를 통해 자신을 알아나가고, 공부를 통해 자신을 단련하며, 공부를 통해 자신을 발견할 수 있기 때문입니다. 학습 로드맵, 완벽한 공부법, 효율적인 계획 세우기…. 공부에 성공한 사람들이 공통으로 이야기하는 것들입니다. 합격이 목표라면 맞는 이야기입니다. 합격을 위해선 '나'보다 공부가 우선해야 하니까요.

그러나 인지능력이 급격히 발달하고, 정서 조절력이 높아지며, 스스로 돌볼 수 있을 만큼 운동능력이 좋아진 초등 아이는 자신의 성향에 맞추어 자기만의 방식으로 원하는 것을 이루는 방법을 배워나가야 합니다. 그리고 이 배움은 아이의 발달을 자극하고, 아이의 발달은 또다시 배움을 도움으로써 아이의 학습에 선순환이 이루어집니다.

공부를 하지 않으면 어떤 일이 벌어질지, 공부가 왜 중요한지 아무리 설명해봐야 아이의 머릿속에는 '그래도 공부하기 싫다'라는 생각만 가득해집니다. 나는 아이의 공부를 어떻게 대하는지 떠올려보세요 나는 어떤 부모인가요? 아이가 자신의 잠재력을 끌어낼 수 있도록 돕고 있나요? 아니면 아이를 비난하고 있나요? 아이가 자신을 믿고 도전하도록 이끌고 있나요? 아이가 패배감에 빠져 무기력해지게 만들고 있나요?

인지발달과 교육심리의 저명한 학자인 비고츠키는 아이의 발달에서 상호작용을 매우 강조했습니다. 아이의 잠재된 역량은 자신을 잘 이해하는 주변의 도움으로 활짝 피어날 수 있으며, 이때의 핵심이 바로 성공의 가능성을 일깨워주는 주변 사람들과의 상호작용이라고 보았기 때문입니다. 그러므로 아이와 가장 가까운 사람인 부모는 아이의 기질, 지능 발달, 습관 형성의 측면에서 성장을 돕는 방법을 고민하고, 아이의 발달 속도에 따라 아이에게 알맞은 환경을 제공해야 합니다.

이 책은 학습력 발달이 시작되는 초등 아이를 둔 부모와, 아이의 특성을 존중하며 학습력의 성장을 이끌어나가고 싶은 부모들을 위해 준비되었습니다. 아이의 기질과 지능을 제대로 알면 아이에게 알맞은 학습의 속도와 난도의 목표를 세울 수 있고, 습관 형성을 돕는 상호작용의 원리를 이해하면 아이가 조절력을 키우고 스스로 공부하는 데 큰 도움을 줄 수 있습니다. 아이와 '공부'라는 주제로 마음의 벽이 생기고, 관계가 멀어져간다고 느낀다면 이 책을 꼼꼼히 일독하기를 추천합니다.

아이가 스스로 유능한 사람임을 깨달으려면 성공의 경험이 필요합니다. 이 책은 조언과 충고가 아닌 더 많은 기회와 도전을 아이에게 허용하는 방법을 제안하며, 아이가 스스로의 변화를 위해 공부하도록 도움을 줄 것입니다. 아이의 학습 독립을 위해 고민하는 부모님들, 그리고 끝이 없는 공부라는 장벽에 부딪힌 아이들을 만나 고민을 나누고 힘을 북돋우며 지냈던 세월이 이 책에 담겨있습니다. 아이와 학습에 대한 이해를 통해 흔들림 없이 아이를 믿어주는 부모가 되길 바랍니다.

차례

공부머리의 토대, '기질' 이해하기

공부머리를 좌우하는 '지능' 이해하기

PART 1

공부머리 발달,
초등이 적기입니다

왜 우리 아이만
안 될까요?

초등 3학년인 연우는 학원 입학 테스트에서 기대했던 가장 좋은 반에 합격하지 못했습니다. 연우 어머니는 열심히 공부해 온 연우가 불합격한 이유가 뭔지 궁금합니다. 함께 준비한 주변 친구들보다 늘 연우가 좋은 성적을 받았기 때문입니다. 하물며 연우보다 경시대회에서 낮은 점수를 받았던 친구도 그 반에 합격했다는 소식을 전해 들었을 때, 연우 어머니는 요동치는 마음을 다잡기가 너무도 어려웠습니다. 연우가 능력이 부족해서 아무리 노력해도 소용이 없는 건가 싶어 답답합니다.

겨울로 넘어가기 전, 학원 입학 테스트를 보는 시기가 지나고 나면 기대와 다른 결과를 받은 부모님들의 상담 요청이 잦아집니다. 아이의 학습 방법에 문제가 있는 건 아닌지, 다니던 학원이 잘 안 맞는 건지 여러 고민이 생기기 때문이지요. 입학 테스트는 낯선 상황 속에서의 아이의 실력을 평가하므로 늘 결과에 변수가 많습니다. 어떤 상황이든 대범하게 실력 발휘를 잘하는 아이가 있는가 하면, 긴장되는 상황에서 능력을 제대로 보여주지 못하는 아이도 있지요.

성실하고 신중한 연우는 기질적으로 안정감과 편안함을 중요하게 생각하는 아이입니다. 연우의 기질을 잘 아는 연우 부모님은 되도록 연우의 마음을 이해하고 기다려주었지요. 그러나 초등학교 입학 후 학습 결과를 마주하게 되면서 연우 부모님은 마음이 조급해지기 시작했습니다. 연우에게 부담 갖지 말고 편하게 시험을 보라거나, 떨어져도 괜찮으니 할 수 있는 만큼 하라고 이야기해줘도 연우의 긴장은 쉽게 풀리지 않았습니다. 물론 이제 갓 초등 3학년이 되는 연우가 스스로 긴장감과 부담감을 조절하기 어려워하는 것은 당연한 일이지요.

연우는 이러한 상황에 여러 번 부딪히며 스스로 극복하는 방법을 깨우칠 것입니다. 이때 안타깝고 속상한 마음에서 비롯된 부모의 조언은 오히려 아이의 자신감을 위축시키지요. 오히려 최선을 다하고 있음을 믿어주는 부모 안에서 아이는 좌절감과 실망감을 딛고 다시 도전할 수 있는 용기를 냅니다. 이때 부모가 아이의 기질을 이해한다면 자녀에 대한 적절한 기대치를 찾고 해결책을 발견하기 쉬워집니다.

은지 어머니는 은지를 스스로 공부하는 아이로 키우고 싶습니다. 하지만 초등 5학년이 되도록 공부할 때마다 이리저리 몸을 뒤척이며 집중하지 못하는 은지가 걱정스럽습니다. 은지가 가장 집중하기 어려워하는 과목은 바로 수학입니다. 특히 심화 문제집은 10문제 중 6문제 정도를 아예 손도 대지 못합니다. 은지가 풀지 못한 문제는 어머니가 답지를 보며 설명해주는데, 은지의 표정을 보면 제대로 이해하지 못한 것 같습니다. 은지 어머니에게 문제집의 난도가 높은 건 아닌지 물어보니 어머니는 당황하며 "초등 고학년이 되면 심화 문제집을 반드시 풀어야 한다던데, 그러면 어떻게 해야 하나요?"라고 되물었습니다.

　이처럼 아이의 준비 상태를 고려하지 못하고 '이 문제집은 꼭 풀어야 한다' '이 정도 책은 반드시 읽어야 한다' '요즘 초등학생은 이 자격증 정도는 딴다'라는 주변의 이야기에 불안해져 아이에게 맞지 않는 학습 계획을 세우는 경우가 있습니다. 다급한 부모의 마음도 이해가 되지만, 자신에게 어려운 책을 받아들고 책상 앞에 막막하게 앉아있는 아이의 답답함도 알 것 같습니다.

　저는 은지 어머니에게 다시 물었습니다. "어머니가 알려준 문제를 은지가 일주일 후에 다시 풀 수 있을까요?" 그러자 은지 어머니는 안색이 어두워지더니 "못 풀지요"라고 대답했습니다. 이렇게 부모가 끌어가는 식으로 꾸역꾸역 문제집 한 권을 마치는 게 은지의 수학 실력에 도움이 되지 않는다는 사실을 어머니가 몰랐던 것은 아닙니다. 그저 이렇게라도 해야 어머니의 마음이 덜 불안했기 때문이지요.

　초등 시기에는 아이의 지능이 급격히 발달합니다. 아이의 지능 발달 속도에 맞추어 적절한 학습 자극을 제시해야 아이의 유능감을 훼손하지 않으며 학습력을 높여나갈 수 있습니다. 은지 어머니는 초등 시기 지능이 발달하는 과정에 대한 설명을 들은 후에야 자신이 걱정스러운 마음에 충분히 잘 자라고 있는 아이를 재촉했음을 깨닫고, 은지의 학습 진도보다는 학습 과정에 관심을 두기로 했습니다.

지호 어머니는 공부할 때마다 실랑이하는 지호 때문에 진이 빠집니다. 숙제를 마치면 게임을 하게 해달라고 졸랐다가, 막상 숙제를 이리저리 미루며 시간이 흐르면 잘 시간이 얼마 남지 않았으니 게임 하고 싶다며 징징거렸기 때문이지요. 단호하게 공부하라고 소리도 쳐보고 늦기 전에 미리미리 숙제하라고 타일러도 봤지만, 매일 반복되는 싸움에 늘 집안은 떠들썩합니다.

초등학교 입학 전, 지호는 블록 놀이와 책 읽기를 좋아하는 아이였습니다. 그러다 핸드폰 게임을 시작하며 멋대로 행동하기 시작했습니다. 처음에는 게임 시간을 보상으로 걸면 부모님의 지시를 잘 따랐는데, 어느 순간부터 게임을 하게 해줘야 공부도 하겠다며 배짱을 부리기 시작했지요. 그 이후부터는 아무리 잔소리를 해도 이리저리 도망치며 게임을 하겠다고 우겨대는 지호 때문에 집이 조용할 날이 없습니다.

지호는 이것저것 하고 싶은 욕구가 많은 아이입니다. 학교 방과후 수업도 여러 개를 듣고, 친구들과 함께 다니는 태권도와 피아노 학원도 재미있어하지요. 그런데 영어 학원에 다니기 시작하니 이 모든 일정을 다 소화하기가 어렵습니다. 태권도와 영어 학원 모두 가는 날이면 지호는 저녁 7시나 되어야 집으로 돌아옵니다. 늦은 시간 집에 돌아와 씻고 저녁 식사를 하고 나면 8시가 넘지요. 그 시간에 숙제하려니 피곤하기도 하거니와 숙제를 마치고 나면 바로 잘 시간이라 좋아하는 핸드폰 게임을 할 시간조차 없습니다. 지호와 어머니의 실랑이는 여기에서 시작됩니다. 지호는 늦은 시간까지 핸드폰을 하고 싶고, 어머니는 핸드폰 그만하고 얼른 자라며 지호를 나무라기 때문입니다. 좋게 말해도 지호는 핸드폰을 손에서 놓지 않고, 때로는 자는 척하면서 몰래 핸드폰 게임을 하는 상황이 되자 지호 어머니는 핸드폰이 문제라고 확신합니다.

아무리 의욕적이고 체력이 좋은 아이라도 몸과 마음이 성장하는 초등 시기에는 적당한 휴식이 필요합니다. 잠깐이라도 거실에 누워 뒹굴뒹굴하며 한가한 시간을 보내야 하지요. 무언가를 배우고, 갈고 닦는 의미 있는 시간도 중요하지만, 아이들에게는 목적 없이 그저 유희를 즐기는 시간이 꼭 있어야 합니다. 온종일 수동적으로 학교, 학원 수업과 숙제 일정에 맞추어 빡빡한 하루를 보내다 보면 아이는 자신의 시간을 어떻게 활용할지 생각하거나 우선순위에 맞게 해야 할 일을 관리하는 법을 배우지 못합니다. 공부만 하는 것이 당장 성적 향상에는 도움이 되겠지만, 결코 주도적인 학습 태도를 키우지는 못합니다. 놀이와 휴식의 시간이 보장되고 여유가 있어야만 아이는 자신의 시간을 스스로 조율하는 능력을 기를 수 있습니다.

문제는 부모의 확증편향입니다

아이의 학습을 고민하는 부모들과 이야기를 나누어보면 아이의 문제점에 집중하느라 아이가 가진 강점을 놓치는 경우가 많습니다. 하나에 초점을 맞추다 보니 주변의 다른 점들은 시야에서 흐려지는 것이지요. 그러면 부모는 자연스럽게 이런 생각을 하게 됩니다. '왜 내 아이만 안 될까? 내가 뭘 잘못했나?' 다른 집 아이의 장점만 바라보고, 내 아이에게서는 단점만 찾으니 당연한 결과가 아니겠어요? 이처럼 자신의 생각이나 판단에 맞는 정보에만 주목하고 그 외의 다른 정보는 외면하는 성향을 '확증편향'이라고 합니다.

아이는 자라나고 있습니다. 이 말은 곧 아이는 아직 완성되지 않았다는 뜻이지요. 아이는 당연히 부족하고 불완전하며 서투른 부분투성이입니다. 유아기와 아동기, 청소년기를 거치며 자신을 돕는 습관을 만들고, 타고난 기질을 조절하는 방법을 배우며 점차 가다듬어지지요. 성장의 과정에서 아이의 단점과 결점이 드러날 수밖에 없다는 점을 부모들도 알고 있지만, 당연하다는 것을 알면서도 편안하게 바라볼 수 없는 게 바로 부모의 마음이기도 합니다. 재촉한다고, 걱정한다고 아이가 더 빨리 성장하지 않음을 알면서도, 아이의 시행착오가 성공의 근간임을 알아도, 부족한 아이를 바라보는 것이 불편한 이유가 무엇일까요?

먼저, 부모 역할을 중요하게 여기는 요즘 시대의 분위기가 부모들이 아이의 문제를 더욱 확대해서 보고 큰 부담을 갖도록 만듭니다. 어렸을 때부터 영어 공부를 시키고, 키가 크는 영양제를 먹이고, 책을 읽어주면 모든 문제를 예방할 수 있다고 생각하게 만드는 광고들이 부모들의 걱정과 불안을 키우지요. 인터넷에 넘쳐나는 교육과 양육 정보에 제시된 명쾌한 해답을 막상 우리 아이에게 적용해보려면 쉽지 않은데, 아이에게 문제가 발생하면 마치 부모가 미숙해서 자녀의 양육에 실패한 듯 느끼게 만들지요.

아프리카 속담 중 '한 아이를 키우는 데는 온 마을이 필요하다'라는 말이 있습니다. 우리 부모 세대는 대부분 대가족인 데다 당장 먹고살기가 급하니 서로서로 돕지 않고 살아가기 어려웠습니다. 마땅한 돌봄 시설도 없고 학원도 없으니, 할머니, 할아버지, 옆집 아주머니가 잠깐씩 아이와 놀아주고, 삼촌이 조카 공부를 가르쳐주는 것이 당연했지요. 식구가 많으니 아이의 문제를 하나하나 짚어보고 고민할 틈도 없었고, 아이가 여럿이다 보니 '이런 아이도 있고 저런 아이도 있구나' 하고 넘어가기가 수월했습니다.

하지만 요즘 세상은 다릅니다. 먹고 살기 풍요로워진 만큼 서로를 도울 필요가 줄어들었고, 자녀 수도, 가족 수도 줄었습니다. 다양한 인간상을 내 삶에서 보기 어렵고, 이웃이나 형제자매의 자녀가 자라는 모습을 가까이서 볼 기회도 줄어들었지요. 아이의 발달을 책으로, 혹은 다른 부모들이나 전문가의 이야기를 통해 배웁니다. 물론 누군가의 성공담이나 실패담이 분명 우리에게 주는 통찰이 있지만, 그것은 그들의 삶의 한 찰나를 끊어내어 보여주는 것이지요. 부모와 자녀의 하루처럼 연속되는 모든 순간을 담고 있지 않습니다. 우리가 옳다고 믿고 전적으로 신뢰하는 정보의 이면에는 드러나지 않거나 생략된 다른 사정들이 있음에도, 우리는 편향된 정보가 나에게도 진실이라고 착각합니다. 아이가 변화하길 바란다면 아이를 통합적으로 바라보는 시각을 가져야 합니다. 아이의 드러난 문제에만 매몰되어 여기저기 고치려 들면 결국 아이는 누덕누덕 기운 옷처럼 약해집니다.

초등학교에 입학하면 아이는 본격적으로 여러 가지를 배우고 익히기 시작합니다. 이 과정에서 아이는 하고 싶은 일이든 아니든 내가 해야 할 일을 책임감 있게 다하는 '근면성'이라는 발달과업을 획득하고, 이 과정에서 학습력이 길러집니다. 목적지는 하나여도 그곳까지 다다르는 시간과 방법은 제각각이듯이 기질적 특성, 지능 특성과 발달 속도, 습관 형성을 위한 주변의 조력 여부에 의해 아이는 자신만의 특색 있는 학습력을 갖게 됩니다.

아이의 학습, 통합적으로 바라보세요

공부에서 좋은 결과를 내는 방법은 유일합니다. 더 많은 시간 동안, 더 열심히 하면 좋은 성과가 나오지요. 하지만 아이는 기계가 아닙니다. 효율적으로, 가성비 높게, 생산적으로 공부하도록 강요할 수 없습니다. 자신의 욕구와 성향과 관심사가 분명한 아이들일수록 자신만의 기준으로 삶의 가치를 세웁니다. 목적지에 가장 먼저 도착하기가 어떤 사람에게는 중요할 수 있지만, 목적지까지 도달하는 과정에서의 수많은 경험이 더 중요하다고 생각하는 사람도 있습니다. 또 어떤 사람은 목적지로 도달하는 과정보다 그 길을 누구와 함께 가느냐가 중요하다고 여기기도 하지요.

아이의 학습에서 고민되는 지점이 있다면 그 문제 행동에 집중하기보다 기질, 지능, 학습 습관이라는 전체적인 차원에서 아이를 바라보아야 합니다. 부모와 아이가 목적지에 다다르기 위한 서로 다른 방법을 원할 수 있습니다. 그렇다고 아이의 방법을 무조건 허용하라는 뜻은 아닙니다. 부모로서 우리는 아이가 근면성이라는 발달과업을 획득하도록, 성장하고 자립하는 데 필요한 자신의 재능을 발견하여 갈고닦을 수 있도록 이끌어야 하니까요.

흔히 아이의 성적은 공부머리에 좌우된다고 말합니다. 하지만 선천적으로 타고나는 공부머리도 얼마든지 후천적으로 계발, 습득, 성장이 가능합니다. 저는 이것을 '후천적 공부머리 성장법'이라고 부릅니다. 후천적 공부머리를 키우기 위해 우리는 이제 좋은 성적을 목표로 두지 않고, 학습력을 키우며 점점 유능해지는 아이의 모습에 집중할 것입니다. 부모가 바라는 대로 아이를 이끄는 것이 아니라 기질과 지능 발달, 습관 형성의 통합적 차원에서 아이를 이해하고 아이가 가진 잠재력을 끌어내는 데 초점을 맞출 것입니다. 이것은 도착점이 아니라 시작점에서 있는 아이를 온전히 이해하는 데서 시작됩니다. 주변의 조언이나 선배 부모들의 성공담, 온라인에서 전문가들이 이야기하는 학습 비결이 아무리 좋은 내용이어도 내 아이가 그렇게 할 수 없다면, 내 아이에게 맞지 않는다면 무용한 정보일 뿐이지요. 부모가 아이의 학습을 위해 알아야 하는 것은 좋은 정보가 아니라 바로 내 아이에 대한 이해입니다.

아이마다 학습의 준비도는 다릅니다. 기질 특성, 지능 발달의 속도, 학습 상황과 습관 형성 수준에 따라 아이가 해낼 수 있는 분량과 난이도가 제각각이지요. 같은 부모에게 태어난 아이들도 성향도 다른데, 다른 집 아이와 우리 집 아이에게 어떻게 같은 방법이 통할 수 있겠어요? 주변에서 아무리 좋은 학원이라 추천해도, 첫째에게 잘 맞았던 방법이라 해도, 지금 '이 아이'에게 맞지 않는다면 아무 소용이 없지요. 앞서 이야기한 연우, 은지, 지호의 어머니는 아이에게 무엇을 가르치고 배우게 할까에 대한 질문을 멈추고 자신의 아이가 어떤 아이인지에 집중하면서 결국 각각 아이에게 알맞은 답을 찾아냈습니다.

갓 책을 접한 아이도 책 내용에 대한 선호도가 있습니다. 주인공의 서사가 가득한 책을 좋아하는 아이가 있고, 동식물의 신기한 생태에 관심이 높은 아이가 있지요. 기질적으로 인간관계와 정서에 민감성이 높은 아이는 사람의 감정과 주인공이 겪는 이야기에 끌리므로 창작동화나 위인전을 좋아합니다. 반면에 관계와 감정에 민감하지 않은 아이는 사실이나 정보가 가득한 책에 관심을 보이지요. 이러한 아이는 누군가와 마음을 나누기보다 지식을 공유하고 발전시키는 것을 흥미로 워합니다. 곤충이나 게임 아이템, 블록 등 같은 주제에 관심이 있는 친구들과 신나게 이야기를 나누지만, 특별히 그 친구 개인에게는 관심이 없습니다. 이런 아이를 둔 부모님들은 늘 아이가 단짝 친구나 마음을 터놓는 친구를 사귀지 못한다고 걱정합니다. 하지만 담임선생님에게 여쭈어보면 두루두루 친구들과 잘 어울린다는 이야기를 듣지요.

이러한 차이는 바로 '기질'에서 비롯됩니다. 기질적 특성은 아이의 학습 환경이나 흥미 유발에도 영향을 미칩니다. 예를 들어, 관계에 민감한 아이는 무언가를 배울 때 인정받고 지지를 얻는 환경이 중요합니다. 반면 관계에서 독립적인 아이는 자신이 흥미로워하는 분야에서 시작해야 몰입이 쉬워집니다. 아무리 주변에서 좋다고 설득해도 본인의 마음이 내켜야 받아들이지요.

그렇다면 같은 학원에서 같은 내용을 배웠음에도 아이들에게 실력 차이가 나는 이유는 무엇일까요? 아이의 노력까지 같다는 가정하에 살펴보면, 초등학생 아이의 경우 지능 특성이 학습 성취에 영향을 미칩니다. 문제를 읽으며 호기심이 생기고, 해결해보고 싶은 마음이 드는, 즉 추론 능력이 발달한 아이는 새로운 유형의 문제를 만나면 어떻게 풀면 좋을지 고민하기 시작합니다. 반면에 새로운 문제를 접했을 때 기존에 풀었던 문제 풀이 방식을 적용해 해결하기를 좋아하는 아이는 실수는 적지만 문제의 방식이 조금만 바뀌어도 문제를 풀어내지 못합니다. 특히 추론 능력보다 이해력이 발달한 아이가 이런 어려움을 겪는데요. 이해력이 좋다 보니 긴 글을 한 호흡에 빠르게 읽어내던 습관에 익숙해져 있어서 그렇습니다. 문제가 안 풀리면 문제에 숨겨진 단서들을 찾아야 하는데, 이해가 안 되는 상황이 답답함과 막막함을 먼저 불러일으키니 추론을 시작하려는 엄두가 나지 않는 거지요.

10년 전과 비교해보면 미취학 아이와 초등 아이의 학습 시장이 상당히 커졌습니다. 유아의 영어 사교육은 이제 어느 정도 보편화되었고, 수학 학습 시작 시기도 이전에 비해 빨라졌습니다. 유아를 대상으로 한 학습지나 문제집도 시중에서 쉽게 구할 수 있을 정도지요. 국어만 해도 교과서의 내용을 다루는 문제집도 있지만, 독해력 문제집, 어휘력 문제집, 문법 문제집이 세분화해 나오고, 수학도 사고력 문제집, 문장제 문제집, 도형 문제집, 연산 문제집, 심화 문제집 등 가짓수가 다양합니다. 한자나 한국사 공부를 열심히 해서 급수를 따거나 컴퓨터 활용 능력 시험을 준비하는 아이들도 있지요. 이 모든 걸 초등학생이 다 해내야 하는 건가 싶어 부담스러운가요? 여기에서 우리 아이는 무엇을 해야 할지 고르기 어려워 머리가 복잡한가요?

뭘 해야 할지 알아보려고 포털사이트의 검색창을 여는 순간 우리는 안개 속으로 빠집니다. 너무 많은 선택지가 있기 때문이지요. 하나를 잡으면 다른 하나를 놓칠까 봐 불안해집니다. 이 모든 걸 다 잘 해냈다는, 일반적이지 않은 몇몇 아이의 사례를 글로 접하며 마음이 다급해집니다. 어떤 목적과 이유에서 만들었는지 알 수 없는 짤막짤막한 영상과, 홍보인지 실제 후기인지 가늠하기 어려운 글들 속에서 내 아이에게 도움이 될 만한 정보를 걸러내는 것은 어려운 일입니다.

　이제는 부모가 중심을 잡아야 합니다. 그리고 그 중심은 아이에 대한 이해를 토대로 세울 수 있습니다. 좋은 정보를 놓칠까 두려워 밖으로 두었던 시선을 내 아이에게로 가져와보세요. 아이가 어떤 순간에 몰입하는지, 어떤 활동을 잘 해내는지, 어떤 상황에서 의욕이 높아지는지 발견해야 합니다. 놀이에서는 아이의 이러한 모습을 발견하기가 쉽습니다. 하지만 학습에서는 쉽지 않지요. 어떤 아이들에게는 공부가 즐겁고 재밌을 수 있겠지만, 대부분의 초등 아이들에게는 교육이란 나라에서 지워준 국민의 기본 의무이자 부모에게서 독립하기 위해 기술을 갈고 닦는 힘든 과정이기 때문입니다. 그다지 달가운 활동이 아닐 수밖에 없지요. 그렇다면 초등 아이의 학습에서 우리는 목적을 어디에 두어야 할까요? 아이가 힘들더라도 공부를 해야 하는 이유는 무엇일까요?

초등 공부의 목적은 무엇일까요?

초등 2학년인 영서는 집에 돌아와 엄마를 조릅니다. 주변 친구들이 다니는 수학 학원에 다니고 싶기 때문입니다. 영서 어머니는 선행학습을 전혀 하지 않은 영서가 친구들이 다니는 수학 학원에서 다닐 수 있는 반이 없어 고민입니다. 과외 선생님에게 수학 진도를 좀 더 빨리 나가달라고 부탁은 해두었지만, 아이를 이렇게 공부시켜도 될지 혼란스럽습니다.

초등 1학년까지 영서는 학원에 다녀본 적이 없습니다. 수학은 집에서 연산 문제집을 푸는 정도였고, 영어 학원에도 다녀본 적이 없습니다. 영서 어머니는 어린 시절 교육열이 높은 부모님 밑에서 자라며 공부에 큰 부담을 느껴왔고, 자신의 아이에게만큼은 그런 스트레스를 주지 말아야겠다고 다짐해왔습니다. 주변에서 이제 슬슬 문제집도 풀리고 책도 골라 읽어줘야 한다고 이야기해도 못 본 척, 못 들은 척 무시해왔지요. 아이는 다 때가 되면 알아서 한다고, 기다리는 중이라고 이야기해왔습니다. 그런데 막상 주변을 돌아보니 다른 아이들은 다 열심히 공부하는데 영서가 뒤처진 건 넋 놓고 있던 내 탓 같아 착잡합니다. 한편으로는 내가 엄마처럼 공부 때문에 자식을 다그치고 몰아세울지 모른다는 생각에 불안한 마음이 듭니다. 초등 아이의 공부, 도대체 무엇이 정답일까요?

초등 공부의 목적 3가지

아직 어려 보이기만 하는 우리 아이. 공부를 얼마나 하도록 해야 할지 중심을 잡기 어려운가요? 그때는 옳다고 확신했는데 시간이 지나 후회한 경험은 자식 기르는 부모라면 다들 한 번쯤은 있을 겁니다. 영서 어머니처럼 아직 저학년이라 학교에서 배우는 것 외에 집에서는 공부하지 않아도 괜찮다고 생각하는 부모도 있지만, 초등 3학년 말이 되도록 연산 실수를 계속하는 아이를 보며 '왜 따로 공부를 안 시켰을까?' 후회하는 부모도 있습니다. 혹은 공부하기 힘들어하는 아이와 실랑이하며 공부를 시키자니 오히려 학습에 흥미를 더 떨어뜨리는 것 같아 답답하고, 그렇다고 그냥 두자니 내 아이만 뒤처지는 것 같아 갈피를 잡기 어려운 부모도 있습니다. 초등 아이에게 공부의 목적은 무엇일까요?

초등 공부의 목적은 똑똑해지기 위해, 똑똑해지는 과정을 알기 위해, 똑똑해지고 싶은 분야를 찾기 위해, 이렇게 3가지로 정리해볼 수 있습니다. 하나하나 찬찬히 살펴볼까요?

초등 공부의 첫 번째 목적은 바로 '지능 계발'입니다. 우리의 뇌는 콧대를 중심으로 그 위쪽은 상위 뇌, 아래쪽은 하위 뇌로 나뉩니다. 뇌의 두 부분은 서로 하는 역할이 다른데요. 하위 뇌는 몸의 균형감각을 조절하거나 수면, 체온 조절, 호흡이나 눈 깜빡임 같은 기능을 담당하며, 충동이나 분노, 두려움과 같은 강한 감정과도 관련이 있습니다. 하위 뇌는 우리의 생존에 필수적인 역할을 하므로 태어날 때부터 잘 발달해 있습니다.

이에 비해 상위 뇌는 20대 중반이 될 때까지 계속해서 성숙합니다. 초등 시기는 상위 뇌가 본격적인 발달을 시작하는 때인데요. 상위 뇌는 사고, 판단, 예측, 충동 조절, 계획 수립 등의 복잡한 논리적 사고를 담당합니다. 상위 뇌가 발달해야 아이는 상황을 판단하고 예측하여 자신의 행동을 적절하게 조절하며, 감정과 신체를 통제하고, 자신의 마음과 타인의 마음을 동시에 이해할 수 있습니다.

초등 시기에는 아이의 상위 뇌가 급격히 발달합니다. 수업 시간에 선생님의 이야기를 주의 깊게 듣고, 지시에 따르기 위해 자신의 행동을 조절하려고 애쓰거나, 수와 글자 등의 상징을 이해하고 다루면서 상위 뇌가 계속 자극을 받고 변화하지요. 초등 저학년과 고학년의 교실을 비교해보세요. 초등 저학년 시기에 교실에서 빈번히 일어나는 아이들끼리의 다툼은 고학년이 되기 전에 사라집니다. 초등 1학년 때 손가락으로 덧셈 뺄셈을 하던 아이를 생각하면 고학년이 되어 복잡하고 어려운 문제를 척척 풀어내는 모습이 참 기특합니다. 아이가 이렇게 해낼 수 있는 이유는 발달을 촉진하는 다양한 자극들을 경험하며 뇌가 점점 고차원적인 기능을 사용할 수 있게 되기 때문입니다. 초등 시기의 다양한 경험은 아이의 뇌를 점점 똑똑하게 만드는 훌륭한 자양분입니다.

초등 공부의 두 번째 목적은 '유능감 획득'입니다. 유능감이란 어떤 일을 잘할 능력이 있다는 믿음입니다. 자신의 능력을 확신하기 위해서는 유능해진 경험이 선행되어야 하지요. 아이는 자기 자신과 상황을 잘 통제한다고 느낄 때 자신을 유능하다고 여깁니다. 색종이를 접으며 모서리를 정확하게 맞췄을 때, 씽씽이를 타고 처음으로 동네 마트까지 간 순간, 더듬더듬 글자를 읽으며 동화책 한 권을 읽어냈을 때, 손가락과 발가락을 이용해 덧셈 뺄셈을 완성하는 순간에 아이는 스스로 유능감을 느끼고 자부심이 커집니다.

학년이 올라가면서 아이는 유능감을 유지하기 위해 점점 더 많이 노력해야 합니다. 내용이 어려워지고 복잡해짐과 동시에 배우는 과목의 수와 양도 늘어나므로, 이 모든 것을 잘 해내기 위해서는 반복적인 연습과 훈련이 필요합니다. 지금의 공부에 충분히 숙달해야 다음 단계의 어려운 과제에 도전할 수 있지요. 초등 아이는 이 과정에서 성공이라는 목적지에 다다르기 위해 과정이 필요하다는 것을 알게 됩니다. 곱셈과 나눗셈을 위해선 덧셈과 뺄셈에 능숙해야 하고, 4절지에 멋진 그림을 그리기 위해선 밑그림부터 시작해야 하듯이요. 긴 책을 읽으며 중간중간 전체 내용의 흐름을 살펴보고, 중요한 부분을 기억하기 위해 회상하는 방법을 자연스럽게 배워나가며 학습에 유능해집니다. 이처럼 아이는 초등 시기를 거치며 연습과 훈련이 자신을 성장하게 만들고, 시련을 이겨내야 좀 더 유능해질 수 있음을 받아들이게 됩니다.

초등 공부의 세 번째 목적은 '잠재력의 발견'입니다. 어떤 아이는 책을 읽거나 글을 쓰는 걸 좋아하고, 어떤 아이는 과학에 흥미를 보이기도 합니다. 역사를 좋아하는 아이, 수학을 좋아하는 아이, 음악이나 미술, 혹은 체육을 좋아하는 아이는 학교 수업을 통해 자신의 관심사를 드러내고 재능도 발견합니다. 하지만 아이의 역량은 학교에서 배우는 교과에서 드러나지 않을 수도 있습니다. 교실 내에서 1인 1역을 맡으며, 회장 선거에 출마하며, 친구들을 위해 봉사하며 자신의 관심사와 경향성을 발견할 수도 있지요. 혹은 방과후수업이나 동아리 활동에서 흥미를 끄는 새로운 주제를 경험할 수도 있습니다.

초등 6년을 보내며 우리는 아이의 낯선 모습을 종종 만납니다. 자기만 아는 줄 알았던 아이가 친구를 위해 줄을 비켜주기도 하고, 책 읽기를 싫어하는 줄 알았던 아이가 자기 관심 분야의 책을 내려놓을 줄 모르기도 합니다. 집에서는 귀찮다고 움직이지도 않는 아이가 학교에서는 친구들과 선생님을 위해 체육 시간에 사용하는 무거운 물품을 혼자 옮기기도 하고, 우유 급식통을 흔쾌히 가져오거나 쓰레기통 비우는 일을 마다하지 않기도 합니다. 점점 넓어지는 활동 영역 속에서 드러나는 아이의 새로운 모습에서 우리는 아이가 가진 잠재 능력을 발견할 수 있습니다.

학교 교과 내용에서 아이의 역량이 드러나지 않을 수도 있지만, 모든 아이는 어른이 되고, 어른이 되면 자신이 가지고 있는 능력으로 이 세상을 돌봅니다. 길가에 풀 한 포기도 자기 역할이 있듯 우리 아이도 자신이 필요한 자리를 찾아 세상에 기여합니다. 학급 임원 활동이나 동아리 활동, 교내 스포츠 클럽이나 교육청의 다양한 프로그램에 관심을 가지고 아이에게 참여의 기회를 열어주세요. 그리고 아이가 흥미를 보이는 분야가 무엇인지 관찰하세요. 우리는 아이가 자신의 잠재력을 발견할 수 있도록 다양한 환경을 제공하고, 열린 마음으로 관찰할 필요가 있습니다.

아이의 후천적 공부머리를 키우기 위해, 즉 아이가 지능을 계발하고, 유능감을 획득하고, 잠재력을 발견하도록 돕기 위해 부모는 어떤 역할을 해야 할까요? 다시 영서 어머니의 고민으로 돌아가봅시다. 영서 어머니의 진짜 문제는 무엇일까요?

첫째, 공부에 대해 고민하지만 정작 영서의 역량에 대한 구체적인 정보가 없다는 것입니다. 영서가 무엇에 관심이 있는지, 학원을 가고 싶은 이유가 무엇인지 짐작만 할 뿐 영서와 이 부분에 대해 자세히 이야기를 나눈 적이 없습니다. 영서가 어떤 활동을 좋아하는지, 예를 들어 몸을 써서 움직일 때 더 잘 집중하는지, 혹은 머리를 쓸 때 집중력이 높아지는지 알지 못합니다. 영서와 놀이터에 가거나 장난감을 가지고 놀며 시간을 함께 보냈지만, 영서가 책을 읽거나 공부하는 시간에 영서의 인지 과정을 유심히 관찰한 적은 없기 때문입니다.

둘째, 학습에 대한 어머니의 경험과 감정을 아이에게 투사하고 있습니다. 영서 어머니의 초등 시절에는 주입식 교육이 이루어졌습니다. 하지만 요즘 초등학교의 분위기는 다릅니다. 초등 저학년 아이는 활동 위주로 수업이 구성되어 있고, 친구들과 더불어 성장하는 분위기를 중요하게 여깁니다. 영서가 학원에 가고 싶은 것은 친구들과 함께하는 배움이 즐겁고, 지적인 호기심도 자극되었기 때문일 수 있습니다. 부모의 걱정과 달리 영서는 학습을 통해 지능을 자극하는 활동에 도전하고 스트레스 상황을 극복하면서 유능감이 커지는 경험을 할 수도 있지요. 이 과정에서 영서의 도전 의식과 학습 동기 역시 높아졌을 것입니다.

셋째, 아이가 이루어야 할 중요한 발달과업을 놓치고 있습니다. 초등 아이는 근면성이라는 발달과업을 완수해야 합니다. 좋든 싫든 간에 주어진 교육과정을 책임감 있게 이수하며 성인이 되어 살아가는 데 필요한 기술과 능력을 습득해야 하지요. 이것은 버겁다고 피하거나 미룰 수 없는, 반드시 해내야 하는 숙제입니다. 아이가 힘들어한다고 대신해주거나 아이가 알아서 할 때까지 기다리는 것이 아니라, 아이 스스로 해내야 할 일임을 분명히 알려줘야 합니다. 영서 어머니는 자신의 어린 시절 상처로 인해 아이를 과보호하는 경향이 있었습니다. 아이가 자기 과업을 스스로 하도록 돕는 훈련은 부모에게 의지하는 아이를 독립시키는 과정입니다. 부모는 홀로서기 힘들어하는 아이를 보고도 견뎌내야 하며, 아이는 유능해지기 위한 훈련을 해내야 하지요.

　내 아이를 편하게 해주려는 부모의 순간적인 마음이 아이의 성장과 발달을 막을 수 있습니다. 물론 아이에게 모든 책임을 부과하는 것은 아이를 위축시키고 자존감을 낮추지요. 그러므로 학습에 대한 부모의 요구와 속도가 아이에게 과한지 혹은 느슨한지 꾸준히 관찰하고 살핌으로써 상황에 맞는 대처를 해야 합니다. 먼저 현재 아이의 공부가 학습력 발달에 적절한 자극이 되는지 간단하게 살펴볼까요?

공부머리 발달을 방해하는 요인을 점검해요

체크 포인트 1 | 아이 학습의 성공과 실패의 비율이 어떠한가요?

　성공만 하는 학습은 배움을 부족하게 만들고, 실패만 하는 학습은 동기를 떨어뜨립니다. 공부를 처음 시작하는 초등 저학년 아이가 학원에 다니지 않고 혼자 학습을 하고 있다면 학습 과제의 70% 정도는 '할 수 있다'라는 느낌을 받아야 하고, 30% 정도는 '한 번 더 해보면 할 수 있겠다'라는 생각이 들어야 합니다. 학습 습관이 잡히기 시작하고 학업에 자신감이 붙으면, 곰곰이 생각해보거나 해결하기 어려운 문제를 풀기 위해 참고 자료를 찾아봐야 할 수준의 문제도 풀어봐야 합니다. 실패를 성공으로 바꾸는 경험은 아이들에게는 상당히 도전적이고 때로는 고통스럽지만, 자신의 능력을 강화하는 데 꼭 필요한 순간입니다. 틀린 문제를 앞에 두고 낙심하는 아이에게 이렇게 이야기해주세요. "모르는 문제를 풀어나가면 우리의 머리가 똑똑해져. 우리 뇌는 새로운 자극을 좋아하거든!" 그리고 만약 학습 난도가 쉬워 문제를 수월하게 풀어낸다면 이렇게 이야기해주세요. "이제 실력이 많이 늘었구나. 좀 더 어려운 과제에 도전할 때가 왔어. 멋진걸!"

체크 포인트 2 | 실패로 인한 불편한 감정을 안전히 경험하도록 도와주나요?

부족한 자신의 모습을 보며 아무렇지 않은 사람은 없습니다. 특히 부모에게 인정과 칭찬을 받고 싶은 마음이 큰 아이일수록 자신의 실수와 실패에 큰 좌절감을 느낍니다. 아이가 표현하는 부정적인 감정에 어떤 반응을 보이나요? "속상한 감정도 괜찮은 거야. 마음처럼 되지 않을 때 엄마도 기분이 나빠져" "문제가 안 풀리니까 답답하고 짜증이 나지? 맞아. 당연히 그런 감정이 올라와"라고 이야기하며 아이가 자신의 감정을 버텨내도록 돕고 있나요? 혹은 "뭘 이런 걸 가지고 짜증이야!" "공부가 다 어렵지, 세상에 쉬운 게 어딨어?" 하고 다그치며 아이의 감정을 축소하거나 사라지게 하려고 애쓰나요? 불편한 감정은 없애려고 노력하기보다는 관찰하고 알아차릴 때 좀 더 쉽게 사라집니다. 아이의 감정을 억압하지 마세요.

체크 포인트 3 | 아이가 배운 것을 익히기 위한 충분한 시간이 있나요?

영어, 수학, 논술, 과학 학원에 다니는 아이는 학교 정규수업 외에도 일주일에 약 15시간 이상 새로운 내용을 배웁니다. 여기에 운동이나 악기, 혹은 미술 수업이 추가된다면 더 많은 시간을 배우는 데 할애하게 되지요. 배움이 늘어날수록 배운 내용을 자기 것으로 만드는 시간이 길어져야 합니다. 진도는 빠르게 나가는데 배운 것을 익히고 진짜 내 것이 되었는지 확인하는 시간이 충분하지 않으면 아이는 불안감을 느끼기 시작합니다. 자신이 배움의 속도를 따라가지 못한다는 걸 본능적으로 알기 때문입니다. 이런 불안이 중첩되면 아이는 결국 이러한 상황에 무뎌집니다. 배운 것과 아는 것의 차이를 당연히 여기고, 이 문제에 무기력해지지요. 모르면 다시 배우면 된다고 생각하기 때문에 배우는 순간마저도 소중히 여기지 않게 됩니다. 배움과 익힘의 균형은 아이의 컨디션이나 교과 내용에 따라 달라질 수 있으므로 늘 민감하게 살펴야 합니다. 만약 아이가 학원 숙제를 마치느라 허둥대고, 계획을 매일 미룬다면 아이의 학습 스케줄을 전체적으로 다시 검토하세요. 지금의 속도가 아이에게는 버거운 것일 수 있습니다.

체크 포인트 4 | 아이의 성장과 변화를 지속해서 관찰하나요?

성공의 경험은 아이의 유능감을 높입니다. 그런데 과연 아이의 학습에서 성공이란 무엇일까요? 한 자리 연산에 능숙해지는 순간을 성공이라고 할 수 있나요? 그러면 두 자리 연산에 능숙해지면 이제 충분히 성공했다고 이야기할 수 있을까요? 아닙니다. 배움에는 끝이 없습니다. 학습 진도를 공부의 목표로 삼는다면 아이는 하나를 해낼 때마다 계속 상향되는 목표로 인해 빠르게 소진되고 말 겁니다. 게다가 대부분의 부모는 아이의 노력보다는 부족한 부분에 초점을 맞추는 경향이 있습니다. 아이가 열심히 노력한 8개보다 해내지 못한 2개에 집중하지요. 잘 해낸 부분에 대한 칭찬은 건너뛰고, 부족한 부분만 꼬집어 질책한다면 아이의 학습에 대한 흥미는 더욱 빠르게 사라질 것입니다. 아이의 학습에서 성장과 변화가 발견되는지 유심히 관찰하세요. 하루의 공부를 해낼 때마다 아이가 이룬 것을 알아주고 응원해주는 시간이 필요합니다.

03

초등 공부를 좌우하는 '학습력'

초등 아이는 자신의 능력을 발견하고 계발하기 위해 공부해야 합니다. 부모도 아이가 자신을 갈고닦을 수 있는 적절한 환경을 조성해주어야 하지요. 그렇다면 초등 아이를 둔 부모가 아이의 건강한 성장과 발달을 위해 목표로 두어야 하는 지점은 어디일까요? 주어진 과제를 잘하고, 성적을 잘 받아오며, 계획을 잘 지키고, 성실하게 하루를 보내게 하는 것을 부모의 목표로 두는 것으로 과연 충분할까요? 초등 부모는 아이의 공부에 어떤 목적을 가져야 할까요?

과학고 1학년인 승훈이는 최근 게임에 빠져 쉽게 헤어나오지 못하고 있습니다. 수학 학원 선생님의 소개로 과학고를 알게 된 승훈이는 처음 과학고 입시를 준비하던 시기에는 공부가 재미도 있고 같이 준비하는 친구들과 선의의 경쟁을 하는 것도 신이 났습니다. 열심히 노력하면 늘 그만큼의 결실이 있었고, 공부 자체가 승훈이의 유능감을 높여주었기 때문이지요. 그러나 문제는 과학고에 입학한 후 시작되었습니다. 똑똑하고 열성적이며 적극적으로 수업에 임하는 친구들을 보며 승훈이는 자신이 초라하게 느껴지기 시작했습니다. 최선을 다했다고 생각했는데 슬렁슬렁 편하게 공부하는 친구의 성적이 자신보다 월등히 좋다는 사실을 확인한 다음부터는 공부에 대한 의욕도 사라졌지요.

승훈 어머니는 최선을 다하지 않는 승훈이가 답답했습니다. 과학고 입시를 준비할 때까지는 선생님의 지도를 열심히 따라갔는데, 요즘은 밤늦게까지 게임만 하느라 학교 공부에 소홀해졌기 때문이지요. 학교 성적은 좋지 않은데 힘들다면서 열심히 하지는 않으니 이해가 안 됩니다. 주말에 늦잠을 자고 일어난 승훈이에게 "열심히 공부해야지. 성적도 떨어졌는데 자꾸 그렇게 게임만 하고 늦잠 자면 어떻게 하니?"라고 몇 마디 했더니, 승훈이는 대꾸도 없이 친구들을 만난다며 집 밖으로 나가버렸습니다. 승훈 어머니는 학교 성적과 학원 시험 점수가 엉망인데 정신 차리지 못하고 놀러 나가는 아들이 걱정이라며 한숨을 쉬었습니다. 하지만 막상 승훈이가 공부에서 어떤 부분을 쉬워하고 어떤 부분을 어려워하는지, 학교에 적응을 잘한 부분과 아닌 부분에 대해 구체적으로 아는 바가 없었어요. 승훈이가 다 했다고 하면 그런 줄 알고 넘어가고, 단순히 성적표로만 승훈이의 공부를 파악해왔던 탓이었습니다.

공부와 학습, 무엇에 집중하는 부모인가요?

공부는 '학문이나 기술을 닦는 일'이라는 의미를 담고 있습니다. 학습은 '지식이나 기술을 배우고 익히는 과정'을 의미합니다. 공부가 공부하는 '행위'와 그 '결과'에 초점을 맞춘다면, 학습은 그 행위를 해나가는 '과정'에 보다 방점을 둡니다. '공부 태도'와 '학습 태도' 중 어떤 표현이 더 자연스럽게 느껴지나요? 평소 "우리 아이는 공부 태도가 별로야"라고 이야기하던 분들도 막상 두 단어 중 무엇이 자연스럽냐고 물으면 '학습 태도'를 고릅니다. 태도는 '어떤 일이나 상황을 대하는 자세'를 의미합니다. 자세는 과정 중에 드러나지요. 그렇다 보니 '학문이나 기술을 닦는 일에 대한 태도' 정도로 풀어볼 수 있는 '공부 태도'라는 말보다는 '지식을 습득하는 과정에서 보이는 태도'라는 의미를 담고 있는 '학습 태도'라는 표현이 자연스럽습니다.

공부는 학습의 과정을 거쳐 완성됩니다. 국어, 수학, 영어. 과목은 다르지만 모두 배우고 익히는 과정을 거친다는 점에서는 같습니다. 사실 배우고 익히는 일은 교과의 영역에 국한되지 않습니다. 학교에서 공부를 마치고 사회로 나오면 우리는 일 또는 관계 속에서 새로운 과제와 역할을 완수하기 위해 다른 차원의 공부를 시작합니다. 공부의 내용은 달라지지만 배우고 익히는 학습의 과정은 또다시 반복되지요. 공부와 학습의 의미 차이를 분명하게 이해했나요? 그렇다면 한번 되짚어보세요. 여러분은 아이의 공부와 학습, 무엇에 더 초점을 맞추나요?

오늘 해야 할 과제를 마친 아이가 다가와 묻습니다. "엄마, 공부 다 했으니까 놀아도 돼?" 그리고 부모는 대답합니다. "공부 다 했으면 놀아." 일상에서 아이와 주로 나누는 대화입니다. 이런 대화를 통해 우리는 아이의 공부를 관리할 수 있고, 아이의 공부를 완성하게 할 수 있으며, 아이가 공부에서 성공하게 할 수 있습니다. 그런데 "엄마, 공부 다 했으니까 놀아도 돼?"라는 아이의 질문에 이렇게 대답했다고 생각해 보세요. "오늘 공부는 어땠어?"

초등 아이가 공부하는 목적은 똑똑해지기 위해, 똑똑해지는 과정을 알기 위해, 똑똑해지고 싶은 분야를 찾기 위해서라고 앞서 이야기했습니다. "공부 다 했으면 놀아"라는 답과 "오늘 공부는 어땠어?"라는 질

공부에 집중하는 부모 vs 학습에 집중하는 부모

공부에 집중하는 부모	학습에 집중하는 부모
공부 다 했니?	공부한 것 중, 중요하다고 생각한 건 뭐야?
할 거 다 했어?	더 잘하고 싶었던 부분은 뭐였어?
확실히 다 한 거지?	공부하면서 저번보다 나아진 부분은 뭐였어?
다 했으면 가서 놀아.	수고했어. 꾸준하게 노력하는 것 자체가 중요한 거야.
이번 시험 목표는 100점이야!	이번 시험 전까지 문제집의 오답을 2번 풀자.
영어 시험 잘 봤어?	영어 시험 준비는 어떻게 했어?
책 다 읽어야지!	어떤 부분이 흥미로웠어?
집중해!	몇 문제까지 집중해서 풀 수 있겠어?
아직도 숙제를 다 못 하면 어떡해!	숙제를 못 한 이유를 구체적으로 생각해보자.

문 중에 아이가 공부하는 목적의 3가지를 아우르는 질문은 어떤 것인가요? 지금까지 여러분은 아이의 '공부'에 관심을 기울였나요? 아니면 공부해낸 '아이'에게 관심을 기울였나요? 배우고 익히는 과정에서 어떤 일이 일어났는지 살필 때, 학습에서의 아이의 성장과 발전을 발견할 수 있습니다. 나는 어떤 유형의 부모인가요? 공부에 대해 아이와 주로 나누는 대화를 떠올려보세요.

초등 아이는 학문과 기술을 갈고닦아 자신의 능력을 높입니다. 아이는 공부를 통해 공부의 성공과 자신의 발전을 모두 이룰 수 있습니다. 이때 부모가 아이의 공부를 지도하는 목적을 공부의 완성에 두어 아이의 발전과 성장을 지나친다면, 아이도 공부의 초점을 수행 결과에만 맞추게 됩니다. 그렇기에 부모는 아이가 이룬 공부의 과정, 즉 학습에 관심을 둘 필요가 있습니다. 승훈이의 이야기를 떠올려보세요. 공부에 성공한 승훈이는 원하는 목표를 이루었지만, 난관에 부딪히자 빠르게 무너지고 말았습니다. 지금의 자신을 만든 배움의 과정과 노력의 순간들은 잊은 채 성과와 결과에만 집중했기 때문입니다. 승훈이는 중학생 때 자신이 교내에서 수학과 과학을 가장 잘했던 아이임을 알고 있었지만, 좋아하는 일에 열중하고 목표를 위해 최선을 다하는 성실한 학생이었음을 기억하지 못했습니다. 성과가 크게 빛날수록 승훈이가 매일매일 노력해온 일상은 당연하다 못해 시시하고 초라했습니다. 아무도 승훈이가 노력한 시간과 끊임없는 도전에 관심을 보이지 않았거든요. 승훈이는 공부에 성공했지만, 공부를 성공으로 이끈 자기 자신을 확신하지 못했습니다. 결국 성적이 떨어지자 승훈이는 자신의 삶도 실패했다고 섣부른 판단을 내리게 되었지요.

이처럼 아이가 공부에 목적을 두더라도 부모는 아이의 성장에 관심을 둬야 합니다. 공부도 결국 아이라는 존재가 이루어낸 것입니다. 부모가 "열심히 공부해야지!" 하는 식으로 공부에 초점을 맞추어 이야기를 할 때보다, 아이가 공부하며 느낀 생각이나 하기 싫은 마음을 조절한 순간과 목표를 이룬 과정에서 보인 변화와 성장에 대해 이야기할 때 아이는 자신의 공부에 관심이 생기고 좀 더 나아지고 싶다는 동기를 갖습니다.

공부의 목적을 성적에 두는 것은 작은 목표입니다. 이 목표로 아이의 오늘 공부를 성공하게 할 수는 있지만, 아이가 자신을 알아가거나 인생을 성공적으로 살아가게 도울 수는 없지요. 부모가 아이의 노력과 과정을 소중히 여긴다면 아이는 자기 자신을 알게 되고, 배우고 익히는 학습의 과정을 가치 있게 여길 수 있습니다. 성취의 기쁨은 꾸준한 노력의 순간을 통해 얻을 수 있다는 사실을 알아야 아이는 결과보다 과정을 소중히 여기게 됩니다. 그리고 매일의 중요성을 알게 된 아이는 자신의 삶을 낭비하지 않습니다. 오늘 하루가 미래의 성공을 장담하지는 않지만, 삶을 보람되게 한다는 것을 알기 때문입니다. 여러분은 아이의 무엇에 관심을 보였나요? 공부의 결과에 반응했나요? 학습의 과정을 눈여겨봤나요?

아이의 공부머리, 3가지 차원에서 생각해보세요

학습 문제로 찾아오는 분들의 고민거리는 참 다양합니다. "요즘 읽기 능력이 중요하다고 하는데 아이가 책을 건성으로 읽는 것 같아요." "다른 또래 아이들을 보니 수학 진도가 무척 빠르던데 지금처럼 공부해도 괜찮을까요?"와 같은 질문부터 "영어 유치원을 나와서 그래도 영어를 잘한다고 생각했는데 메이저 급의 어학원에 모두 떨어졌어요. 이후로 실망감에 자꾸 아이에게 화를 내고 다그쳐요" "유명한 학원 입학 테스트를 위해 준비하는 학원을 보냈는데 저희 아이만 최상위 반에 들어가지 못했어요. 이유가 뭘까요?"와 같은 질문까지 이어지지요. '4살에 한글을 떼었다' '5살에 덧셈 뺄셈을 능숙하게 한다' 등과 같은 주변 아이들 이야기를 듣고 마음이 불안해진 경험이 있나요? 유아기의 학습 경험은 부모의 교육관과 주변 환경의 교육열에 크게 좌우됩니다. 그렇다 보니 초등 1학년 교실에는 알파벳을 모르는 아이부터 영어로 일기를 한 바닥 써내는 아이까지 다양한 아이들이 있습니다. 중요한 점은 '아이의 실력과 능력의 차이가 대입까지 지속되는가?'입니다.

공부는 속도로 하는 것이 아닙니다. 초등 때 중등 공부를 해두면, 중등 때 고등 공부를 해두면 대입에 유리하지 않을까? 이러한 단순 논리가 아이들을 선행으로 내몰게 합니다. 공부의 승패가 속도에 달려있다고 착각하는 것이지요. 일찍 시작하고 빠르게 달리면 가장 먼저, 가장 높은 곳에 도착할 수 있다는 착각 말입니다. 하지만 생각해보세요. 아이가 지금처럼 부모의 말에 순종하며 12년을 계속 달려줄까요? 부모인 나도 지치지 않고 아이를 12년 동안 끌어갈 수 있을까요?

인지발달 속도가 빠르거나 지능이 높은 학생들은 선행이나 심화 학습을 통해 학습의 만족도나 몰입도가 높아지기도 합니다. 이런 친구들의 선행 과정과 성공적인 입시 결과는 주변 부모들의 마음에 '내 아이도 이렇게 해봐야겠어!' 하는 시동을 걸지요. 그러나 어떤 아이는 빠른 속도와 과도한 과제를 지속하면서 학습에 무기력감을 느끼기도 합니다. 깨치는 즐거움과 내가 잘하고 있다는 확신을 느낄 틈을 갖지 못하기 때문입니다.

공부의 끝은 입시의 성공이 아닙니다. 공부를 통해 아이는 유능해지는 방법을 알아갑니다. 목표를 달성하는 과정에서 경험하는 작은 성공과 실패, 충동을 조절해낸 순간, 좌절감을 버티며 끝까지 해낸 경험. 이 과정을 통해 아이는 자기 자신의 감정과 행동, 생각을 조절하고 역경을 극복하며 자존감을 잃지 않는 사람으로 성장합니다. 즉, 초등 공부의 핵심은 실수 없는 빠른 성공이 아니라 실패와 좌절을 이겨내고, 발생하는 문제를 피하지 않고 해결하는 과정을 통해 학습력을 키우는 것에 있습니다. 학습하는 능력, 배우고 익히는 과정을 다루는 능력, 배운 것을 문제에 적용하여 학습을 촉진하는 능력이 키워져야 자기 주도적 학습이 가능합니다. 이것을 후천적 공부머리라고 할 수 있겠지요. 그렇다면 후천적 공부머리, 즉 학습력을 키워주기 위해 부모는 어떤 노력을 해야 할까요?

아이를 통합적으로 이해하기 위해서는 3가지 차원에서 아이를 바라보아야 합니다. 아이의 과거 행동들을 통해 드러난 기질적 특성, 아이의 현재 학습 역량에서 드러난 지능 발달 수준, 마지막으로 아이가 이루어낼 학습 태도와 습관. 바로 이 3가지입니다.

체크 포인트 1 | 아이의 기질을 전체적으로 조망하세요

초등 3학년인 동혁이의 부모님은 동혁이가 행동이 굼뜨고, 해야 할 일을 자꾸 뒤로 미루어서 답답합니다. 숙제를 하려면 앉히기까지 잔소리 30분, 겨우 앉혀놓으면 한 문제를 풀기도 전에 동생에게 장난을 치거나 공상에 빠지니 너무 화가 나서 아이에게 소리 지르기를 1시간. 매일 이렇게 공부를 시키자니 진이 빠져서 아이의 별것 아닌 실수에도 핀잔을 주거나 잔소리하게 되었다고 합니다. 그런데 실제로 동혁이를 만나보니 느긋하거나 게으르다기보다는 타고난 기질이 주변을 많이 의식하고 실수하기를 싫어하며 괜찮다는 확신이 들어야 행동하는 신중한 아이로 보였습니다.

상담을 통해 부모님의 이야기를 들으면서 새로운 사실을 알게 되었습니다. 동혁이에게는 3살 차이의 동생이 있는데, 동생은 눈치가 빠르고 적극적이며 뭔가를 실행하는 데 속도가 빠른 아이였습니다. 동혁이는 아무리 자기가 서둘러도 기질적으로 순발력이 좋은 동생에게는 늘 뒤처졌던 거죠. 예를 들어, 부지런히 등교 준비를 해도 동생은 이미 유치원 가방을 메고 신발까지 신고 문 앞에 서 있고, 숙제를 열심히 한다고 했는데 동생은 벌써 학습지를 다 풀고 엄마의 칭찬을 받고 있었지요. 그러니 동생만 보면 괜히 심통이 나고, 의욕도 떨어지게 된 겁니다. 동생과 나란히 앉아 공부하다 보면 동생이 더 빨리 했는지 신경이 쓰여서 자꾸 동생 학습지를 쳐다보게 되고, 그 모습을 본 동혁 어머니는 동생만도 못하냐며 동혁이를 꾸짖었습니다. 정말 공부할 맛이 안 나겠죠?

동혁 어머니는 야무진 작은 아이에 비해 자기 일 하나 제대로 못 하는 큰아이가 자라서 자기 앞가림도 제대로 하지 못하면 어쩌나 걱정했습니다. 현재의 문제만을 놓고 보면 당연히 그런 고민을 할 수 있어요. 그러나 지금 동혁이의 미적거리는 행동이 이 아이의 기질적 특성이긴 하지만, 환경에 의해 더욱 강화되어 온 것도 분명합니다. 이 부분을 찾아내면 문제해결의 실마리도 발견할 수 있습니다.

동혁이의 경우 동생이 하원하기 전에 학습지도를 시작하라고 말씀드렸습니다. 옆에서 같이 문제도 읽어주고, 읽은 책의 내용을 물어보면서 어떤 부분이 재미있었는지 이야기를 나누며 공부를 시작하는 초반 10분 정도를 함께 앉아있어주는 것이지요. 그리고 꾸준하게 "어제보다 집중을 잘하는구나" "처음에 하기 싫다고 했지만 그래도 끝까지 해냈어!"라고 대견해하고, 주변 사람들에게도 "요즘 공부를 시작하더니 집중력이 높아졌어요" "요즘에는 공부하라고 하면 바로 책을 펴고 공부하고, 집중해서 공부하니까 시간도 덜 걸려요"라고 자랑하라고 조언했습니다. 주변을 의식하고 실수를 걱정하는 아이를 안심시키고 아이가 자신의 기질을 조절하는 훈련의 시간을 갖도록 하기 위함입니다.

누구에게나 장점만 있지는 않습니다. 실행에 옮기는 속도가 빠른 둘째가 지금은 예뻐 보이기만 하지요. 하지만 열정적이고 순발력이 높은 아이는 단조로운 일에는 쉽게 지루함을 느낍니다. 차분하고 꾸준하게 무언가를 반복해야 하는 상황에서는 적응하기 어려워할 수도 있어요. 그 기질이 지닌 특성이 그렇기 때문입니다. 아이의 타고난 성향을 중립적인 시선으로 바라보아야 합니다. 그리고 미숙한 지금의 모습이 학령기를 거치며 점점 성장하리란 것을 반드시 기억하세요. 부모의 이러한 시각과 태도가 아이의 자존감에 직결됩니다.

체크 포인트 2 | **현재 아이의 지능 특성을 객관적으로 평가하세요**

아이들이 배워나가야 할 교육과정은 이미 정해져 있습니다. 초등학생 때는 도형의 성질을 배우고, 중학생 때는 삼각형, 사각형의 성질을 증명하는 과정을 배웁니다. 이러한 지식을 바탕으로 고등학생 때 직선과 원의 방정식, 기하까지 배우게 되지요. 이처럼 아이들이 해내야 할 공부의 목표는 시기별로 정해져 있으나 아이마다 배우고 익히는 속도에서는 차이가 있습니다.

학습력을 키워나가는 초등 시기에는 타고난 기질과 지능 발달의 속도가 아이가 해낼 수 있는 과제의 종류와 양에 큰 영향을 미칩니다. 예를 들어, 초등 수학은 크게 연산, 도형, 측정, 규칙성 등의 영역을 다룹니다. 같은 수학 과목이지만 시각적 자료에 민감하고 직관적으로 추론하는 아이는 연산보다는 도형 학습을 선호합니다. 반면에 분석적이고 체계적으로 추론하는 아이는 지문을 이해하거나 개념을 문제에 응용하는 능력이 뛰어납니다. 같은 학년에서도 인지발달의 속도나 지능 특성에 의해 아이의 학습 흥미에 차이가 발생합니다.

초등 4학년 정도가 되면 수학의 기초가 어느 정도 완성되고, 개념을 문제에 활용하는 역량이 키워집니다. 하지만 수학 문제의 지문이 길어지고 개념의 응용력이 요구되는 문제가 늘어나면서 인지적 역량이나 지능 특성에 따라 아이가 힘들어하는 영역이 도드라지기도 하지요. 부모 눈에는 아이가 지문을 꼼꼼히 읽지 않고, 연산을 눈으로만 푸는 태만한 학습 태도가 문제라고 생각될 수 있습니다. 하지만 아이의 지능 강점을 확인해보면 원인이 다른 곳에 있기도 합니다.

암기력이 좋은 아이는 문제의 조건을 찾아보고 풀이 과정을 생각해내려고 하기보다 이전에 풀었던 문제의 풀이 과정을 기억해서 적용하려고 합니다. 비슷한 유형의 문제를 풀어본 기억이 떠오르지 않으면 바로 별표를 치지요. 이런 아이는 가르쳐주면 배우는 속도는 빠르지만, 혼자 공부할 때는 속도가 잘 나지 않습니다. 도형 돌리기와 뒤집기는 머릿속에 도형을 전체적으로 심상화해야 하는데, 분석적인 사고가 익숙한 아이는 도형의 작은 부분에 집중하니 실수를 하게 됩니다.

뇌는 가소성을 가지고 있습니다. 사용하면 사용할수록 발전하지요. 초등 시기에는 지능이 고루 발달할 수 있도록 연습하는 것이 중요하지만 아이의 특성에 맞게 학습 계획을 세워볼 수 있습니다. 도형감이 빠르게 발달한 아이의 경우 성취감을 높여주기 위해 도형 부분만 따로 심화 학습을 하거나 선행해볼 수 있습니다. 요즘에는 수학 교재가 다양해져 영역별로 심도 있게 공부할 수 있는 참고서들이 시중에 많습니다. 같은 수학이라도 흥미 있는 분야는 선행이나 심화를, 부족한 부분은 응용 수준의 문제를 꾸준히 복습하여 탄탄하게 다져나가는 방식으로 초등 수학 과정을 공부해야 합니다.

초등 시기의 아이가 스스로를 평가하여 전략과 목표를 세우는 것은 어려운 일이므로 부모가 아이에게 맞는 목표를 찾고, 그 목표에 도달할 수 있도록 이끌어주어야 합니다. 너무 높은 목표는 아이의 날개를 꺾고, 너무 수월한 목표는 날개의 힘을 키우지 못합니다. 학습력 발달이라는 최종 목표를 염두에 두고, 아이의 지능에 대한 객관적인 판단을 토대로 학습의 속도와 난이도를 결정해야 합니다.

체크 포인트 3 | 조절력이 발달하면 습관 형성에도 가속도가 붙어요

문제집을 풀다가 틀린 문제가 나오면 바로 눈물을 흘리며 공부하기 싫다고 징징거리는 아이들이 있습니다. 부모님이 아무리 괜찮다고 해도 아이들의 눈물을 멈추게 하기가 어렵지요.

틀린 문제로 인해 절망에 가득 찬 아이는 어떤 마음일까요? '완전히 망했어. 틀리면 안 되는데. 아 부끄러워. 난 역시 공부를 못 해. 열심히 해도 소용없어'라며 자신을 비난하겠지요. 그런데 이런 상황에서 부모님이 "틀렸다고 뭐라고 한 것도 아닌데 왜 그래~. 그냥 다시 풀면 되는데 뭘 이런 것 가지고 우니?"라고 이야기를 한다면 아이는 어떤 마음이 들까요? 감정이 풀어지고 다시 의욕이 생길까요? 위로받았다고 느껴져 편안해질까요? 그렇지 않지요. 별일도 아닌 일 가지고 울어대는 자신이 더 부끄럽고 바보같이 느껴지겠지요.

초등 아이는 자신의 감정, 행동, 생각을 조절하는 능력을 키워나갑니다. 초등 저학년 시기에는 아직 미숙하지만, 점점 조절력이 높아지며 학습 습관도 좋아지지요. 아이가 학습에 좋은 태도와 습관을 갖기 위해 부모는 무엇을 해야 할까요?

우선 지금 아이의 학습 습관 형성에 무엇이 걸림돌인지 명확히 알아야 합니다. 실수에 쉽게 낙담하지만 늘 최선을 다하고 열심히 하는 아이라면, 먼저 문제집의 난이도와 유형을 바꿔볼 수 있습니다. 문제가 많이 담겨있거나 같은 유형의 문제가 반복되어 나열된 문제집의 경우에는 실수가 잦아지기 쉽습니다. 아이들에게 부담이 많이 되지요. 정서 조절력이 높아지고 실패나 실수에 익숙해질 때까지 이런 문제집은 잠시 피하는 것도 하나의 방법입니다. 내용 설명이 자세히 나오거나 한 페이지에 문제의 양이 적은 문제집을 선택하는 거지요.

다른 방법으로는 채점하며 틀린 부분이 나오면 바로 표시하지 않고 아이가 다시 생각해볼 수 있는 기회를 주는 것입니다. 그리고 아이가 답을 고치면 동그라미를 쳐주는 거예요. 이렇게 틀린 걸 계속 고치게 해주었다가 버릇이 나쁘게 들면 어쩌나 걱정된다고요? 괜찮습니다. 부모가 동그라미를 쳐준다고 해서 자신이 100점이라고 생각하는 아이는 없습니다. 스스로 그 정도는 알아요. 표현하지 않을 뿐이지요. 하지만 이런 생각을 하게 됩니다. '틀려도 큰 문제가 생기지 않는구나. 고 치면 되는 거구나.' 빈번하게 실수하고 그래도 괜찮다고 생각하는 아 이로 자랄까 봐 걱정되나요? 걱정하지 마세요. 이런 아이는 기질 자체 가 실수를 좋아하지 않는 것뿐이므로 앞으로도 실수하지 않으려 노력 할 것입니다.

우리는 지금의 경험을 통해 아이가 스스로 해낼 수 있는 사람이라는 믿음을 심어주고 자신감을 높여줄 수 있습니다. 아이가 자라서 자신 의 마음을 잘 조절하게 되면 그땐 실망감이나 열패감에서 좀 더 빠르 게 벗어날 수 있지요. 지금 아이의 모습이 미래에도 반복될 거라는 두 려움을 내려놓으세요. 우리가 해야 할 일은 아이가 조절력을 키워 학 습 습관을 탄탄히 만들기까지 아이를 발전시킬 환경을 제공하는 것입 니다.

04
후천적 공부머리, 관계 속에서 성장합니다

잠깐 눈을 감고 앞에 아이가 있다고 상상해보세요. 편안한 마음으로 아이의 눈을 바라봅니다. 아이의 눈동자에 담긴 감정에 잠시 머물러보세요. 아이와 나, 모두 편안하게 느껴진다면 마음속으로 아이에게 이렇게 이야기해보기 바랍니다.

> "너의 선택과 노력을 지지해. 어떤 결과이든 너에게 소중한 경험이란다. 엄마(아빠)가 그랬듯 너도 잘 해낼 거야. 엄마(아빠)의 딸(아들)이니까."

나의 이야기를 들은 아이의 표정이 어떤가요? 그리고 이야기를 전달하는 나의 몸과 마음은 어떤 느낌인가요? 아이와 나의 마음을 온전히 느꼈다면 다음 작업을 시작해보겠습니다. 다시 아이의 눈을 마음으로 바라보며 이렇게 이야기합니다.

"좀 더 노력해야 해! 아직 부족해! 이러다가 큰일 나겠어!"

나의 이야기를 들은 아이의 감정, 몸 상태, 의욕의 정도를 느껴보세요. 그리고 나의 감정, 몸 상태, 의욕의 정도도 느껴보세요. 2가지 말로부터 발생하는 마음을 온전히 느꼈다면 두 상황을 비교해보세요. 첫 번째 상황과 두 번째 상황 중, 어떤 상황에서 아이는 더 높은 의욕을 느끼고, 유능감을 느낄까요? 어떤 상황에서 나는 더 높은 신뢰를 느끼고 가능성을 느꼈나요?

많은 부모는 문제를 고쳐야 문제가 해결된다고 생각합니다. 하지만 아이러니하게도 하나의 문제를 고치면 새로운 문제를 만나게 되지요. 부모 역할은 아이의 문제를 고치는 데 있지 않습니다. 아이는 자신의 문제를 스스로 해결해야 합니다. 부모는 아이가 스스로 해결할 수 있는 상태로 이끌어주기만 하면 됩니다. 즉, 좋은 부모는 아이를 '성공하는' 상태로 안내합니다. 그렇다면 성공하는 상태로 안내한다는 것이 무슨 의미일까요?

성장모드 vs 보호모드, 아이는 어떤 상태입니까?

　세아는 학교에서 친구들과 잘 지내고, 집에서도 특별히 문제가 될 만한 일은 없었습니다. 그런데 6학년이 되면서 급격히 말수가 줄고, 묻는 말에도 잘 대답하지 않아 부모님이 상담을 신청했습니다. 작년까지는 학교 이야기도 곧잘 하고, 공부할 때 힘든 부분이나 친구들과의 문제를 시시콜콜 이야기하는 편이었다고 합니다. 그런데 최근 들어 부모님이 세아에게 "공부해라"라는 말을 꺼내기가 무섭게 입을 꾹 닫아버렸고, 씻거나 잠을 자라고 이야기하면 꾸물거리거나 화장실에서 웹툰을 보며 오랜 시간 나오지 않아 부모님의 걱정이 시작되었다고 했습니다. 맞벌이인 세아 부모님은 퇴근 후 세아와 함께하는 시간이 서너 시간 정도로 짧고, 마음이 여린 세아를 다그쳤다가 관계가 멀어질까 걱정되어 되도록 대화로 문제를 해결하려 노력했습니다.

　세아 부모님과 상담하며 느낀 점은 세아 부모님이 세아를 긍정적으로 이해하려고 노력하고, 부모님의 이야기가 세아에게 비난이나 충고로 느껴지지 않게 하려고 애썼다는 것입니다. 예를 들어, 세아의 학원 숙제가 밀려도 세아가 숙제를 다 하지 못하면 "세아야, 요즘 숙제가 밀리는구나. 어떤 문제가 있니?"라고 물어보거나 "하루에 이 정도 분량은 잘 해왔던 것 같은데, 좀 더 노력하면 좋겠어" 정도로 이야기하고 말았다고 해요.

　세아와 부모님 사이에 드러난 문제는 없었습니다. 그런데 세아 부모님과 함께 대화하던 중 세아를 살펴보니 고개를 푹 숙이고 풀이 죽은 모습으로 의자에 앉아있는 거예요. 상담 시간이 지나갈수록 세아는 의자에 점점 파묻혀 가라앉았습니다. 세아의 마음이 궁금해진 저는 세아와 똑같이 의자에 몸을 파묻은 채 고개를 숙이고 앉아보았지요. 그랬더니 세아가 마음으로 하는 이야기가 들렸습니다. '나는 부족해. 부모님을 만족시켜드릴 수 없어. 노력해봐야 소용없어. 어차피 난 이번 생에는 틀렸어!' 지적이고 명쾌한 부모님의 이야기가 상담자의 귀로 들을 땐 좋았지만 세아의 마음으로 들으니, 마치 오디션 프로그램의 참가자가 심사위원에게 평가를 받을 때처럼 부담감과 좌절감이 올라왔습니다. 외동이기에 자기 또래보다는 어른들과 지내는 시간이 많았던 세아가 똑똑하고 유능한 부모님과 함께 지내며 자신을 비교하고, 절망하며, 스스로 비난했던 시간이 많았겠구나 싶었습니다.

우리의 뇌는 2가지 차원에서 주변 환경을 인식하고 받아들입니다. 첫 번째는 언어, 기억, 사고의 기능을 담당하는 대뇌피질의 인식입니다. 대뇌피질은 오감을 통해 입수된 감각 정보를 해석하고 통합하며, 정보와 저장된 기억을 연결합니다. 예를 들어, 대뇌피질의 측두엽은 청각적 정보를 지각하여 처리하는 역할을 합니다. 세아 어머니가 세아에게 숙제가 밀리는 이유를 물을 때 세아의 측두엽은 어머니의 목소리를 지각하고 그 의미를 해석합니다. 이때 어머니의 말투가 타박하는 투인지 호기심을 갖고 묻는 것인지를 측두엽은 파악해냅니다. "숙제 잘~한다!"를 문자 그대로 해석하면 칭찬이지만, 비꼬는 말투가 얹어진다면 의미가 달라지는 것처럼요. 대뇌피질은 이렇게 외부의 정보를 받아들이고 해석하여 처리하는 기능을 합니다.

두 번째는 자율신경계의 인식입니다. 우리의 자율신경계는 끊임없이 사람이나 장소와 같은 주변 자극의 신호를 평가하여 이 상황이 안전한지 위협적인지를 결정합니다. 자율신경계가 안정될 때 우리는 편안함을 느끼고, 자발적으로 다른 사람들과 소통할 수 있는 상태가 됩니다. 표정이 온화해지고, 다른 사람의 이야기에 귀를 기울이며 눈을 맞추고, 자연스러운 어조로 대화가 가능해지지요. 하지만 자율신경계의 균형이 깨지면 심장박동과 호흡이 빨라지며, 근육으로 가는 혈액이 증가하는 등 투쟁하거나 도망치기에 적합한 상태로 우리의 몸과 마음이 변화합니다. 즉, 방어막을 만드는 것입니다. 이때 대뇌피질로 가는 혈액의 공급이 줄어들어 깊게 생각하거나 객관적이고 통합적으로 주변을 바라볼 수 있는 능력이 떨어집니다. 그렇다 보니 반사적이고 충동적이고 부적응적인 행동을 하게 됩니다.

세아의 이야기로 돌아가볼까요? 세아 부모님이 세아에게 한 이야기에는 비난이나 충고가 담겨있지 않았습니다. 세아 부모님이 이야기한 내용에서 세아가 위협적으로 느낄 만한 것은 없었지요. 세아의 대뇌피질은 부모님의 이야기와 그 의도가 자신을 돕는 데 있음을 정확하게 이해했을 거예요. 하지만 세아의 자율신경계는 부모님의 어조나 표정, 고갯짓이나 자세를 보고 위험한 상황임을 직감했을 수 있습니다. 세아의 자율신경계는 부모님의 답답해하는 마음을 목소리나 굳은 표정으로 알아차리고, 세아를 보호하기 위해 대뇌피질에 혈액 공급을 줄이고 감정과 감각을 각성시켜 스스로 보호하기 위한 방어막을 칩니다. 세아는 이 방어막으로 인해 부모님의 마음을 제대로 보지 못하고, 작은 몸짓이나 표정 변화에 과하게 민감해지면서 이 상황을 위협적이고 부정적으로만 느끼게 됩니다. 자신을 보호하기 위한 모드로 진입하는 것이지요. "한 번만 더 노력해보자"라고 다독인 부모님의 이야기가 세아에게는 "아직도 성공 못 한 거야? 한심하구나!"와 같은 위협의 메시지로 느껴질 수 있습니다. "고생했어. 오늘은 이 정도 하고 내일 나머지를 하자"라는 부모님의 이야기는 "오늘 다 못 마쳤으니 내일 또 해. 넌 오늘도 성공하지 못했구나"라는 비난의 메시지로 들릴 수도 있지요. 이것은 세아의 자율신경계가 활성화되며 모든 외부 자극을 위협으로 받아들이는 상태가 되었기 때문입니다.

아이와의 소통에 걸림돌이 있다면 아이에게 이야기할 때 나의 표정과 몸짓, 어조와 눈빛이 아이에게 '안전하다'라는 느낌을 충분히 주었는지 생각해보세요. 부모의 표정, 몸짓, 어조, 눈빛은 아이의 마음을 방어적으로 만들 수도 있고, 협조적으로 만들 수도 있습니다. 그리고 아이의 이러한 마음 상태는 아이의 자율신경계가 상황을 어떻게 판단하느냐에 따라 무의식적으로 결정됩니다. 아이의 자율신경계가 상황을 안전하게 지각해야 대뇌피질에서 부모의 말에 담긴 의미를 이해하려는 노력도 따라오는 것입니다. 즉, 아이가 부모의 이야기에 귀를 기울이고, 새로운 도전을 하고, 성장하고픈 마음이 들게 만드는 것은 말의 내용이 아니라 '안전하다는 느낌'입니다. 그렇다면 아이와의 관계에서 안전감을 높이는 방법으로는 무엇이 있을까요?

첫 번째는 대화의 맥락을 분명하게 드러내는 것입니다. 함께 생각해 봅시다. 저녁 준비를 하기 전 아이가 할 일을 다 했는지 확인해야겠다는 생각이 든 부모가 아이에게 "공부 다 했니?"라고 질문합니다. 그러고 나서 아이를 쳐다보니 아이는 핸드폰으로 친구와 대화를 나누고 있었습니다. 이때 아이의 자율신경계는 부모가 자신에게 질문하는 상황을 안전하게 느낄까요? 위협적이라고 판단할까요? 부모는 그저 확인의 차원에서 한 질문이지만, 핸드폰을 하던 아이는 부모가 자신의 행동을 못마땅하게 여겨 잔소리를 시작한 거라고 여길 수 있습니다. 이때 부모가 공부를 마쳤냐는 질문 앞에, "저녁 준비하기 전에 잊어버리지 않으려고 지금 물어보는 거야. 숙제는 다 마쳤니?"라고 질문의 의도를 먼저 밝힌다면 아이의 자율신경계가 상황을 안전하게 지각하는 데 도움이 됩니다. 물론 모든 대화에서 부모의 의도와 맥락을 구구절절 설명할 필요는 없습니다. 아이에게 대화의 맥락을 안내하고 안전감을 충분히 높이면 아이는 부모가 자신을 비난하거나 추궁할 의도가 없음을 확신합니다. 그 이후에는 맥락을 명시화하지 않아도 부모와의 소통 상황을 안전하게 느낍니다.

아이의 안전감을 높이는 두 번째 방법은 '연결감'을 높이는 것입니다. 아이가 부모에게 환영받고 사랑받을 때, 아이는 부모와 자신이 안전하게 연결되어 있다고 느낍니다. 부드럽고 운율이 풍부한 목소리,

긍정적인 표정, 다정한 몸짓은 아이의 자율신경계에 이 상황이 안전하다는 강렬한 신호를 보냅니다. 아이에게 지시했던 순간을 떠올려보세요. "학교 다녀왔으니 손 씻어" "얼른 와서 밥 먹어" "게임 그만하고 숙제해" 이렇게 이야기한 순간 아이는 어느 정도의 거리에 있었나요? 부엌에 있는 부모가 방에 있는 아이에게, 안방에 있는 부모가 화장실에 있는 아이에게 소리 지르듯 지시를 내리지는 않았나요? 만약 아이가 부모의 지시에 반항적인 태도를 보인다면 아이가 연결감을 느낄 수 있도록 부모의 목소리와 표정, 몸짓을 아이에게 충분히 보여주었는지 생각해보세요.

아이의 자율신경계가 안전을 감지할 수 있도록 돕는 세 번째 방법은 적절하게 선택할 기회를 제공하는 것입니다. 자율신경계는 넘치지도 부족하지도 않은 선택의 상황에서 안전하다고 느낍니다. 과도한 선택지는 자율신경계가 위협적으로 느끼게 만들고, 부족한 선택지는 자율신경계가 갇혀 있다고 느끼게 만들지요. "지금 당장 밥 먹어"라는 강압적인 표현보다 "저녁 준비를 마쳤어. 지금 올 수 있니?"라는 표현이 선택의 여지를 줌으로써 자율신경계를 안심시킵니다. "공부 빨리 안 해?"라는 말보다 "이제 공부할 시간이야. 엄마랑 같이 방으로 갈까? 아니면 혼자 가서 시작할래?"라는 말이 공부에 대한 불쾌감을 낮춰주지요. 숙제를 안 하고 버티는 아이에게 "그럼 이제 네가 알아서 해!"라는 표현은 너무 많은 선택과 권한을 줌으로써 위협감을 느끼게 만듭니다. 부모에게 권한을 넘겨받은 것으로 보이지만, 오히려 아이는 혼란과 두려움을 느끼지요. 한계가 분명한 상황에서 부여받은 선택의 자유만이 아이들에게 안정감을 줍니다.

관계는 뇌에 큰 영향을 미칩니다. 이해받고 보살핌을 받은 경험은 뇌에 기억의 형태로 기록되고, 이러한 기억은 아이가 자신의 감정을 이해하고 보살피며 자기조절을 해낼 수 있도록 돕습니다. 우리 아이는 어떤 모드의 상태인지 생각해보세요. 서로 연결감을 느끼고 안전하다고 느끼며 신뢰하는 성장모드에 있나요? 아니면 서로를 못마땅하게 여기고 불편해하며 괴롭다고 느끼는 보호모드에 있나요? 우리는 아이를 성장모드에 들어서게 하는 방법을 알고 있습니다. 앞으로 어떤 선택을 해야 할까요?

아이가 성장모드에 닻을 내리도록 도와주세요

열심히 푼 문제의 답이 틀렸다고 울음을 터트리는 아이 때문에 걱정하는 부모들이 종종 있습니다. 부모가 도움을 주려고 하는 말이나 틀린 부분을 수정해주려는 시도를 무조건 거부하는 아이들도 있지요. 학습의 과정에서 배우는 것만큼이나 제대로 알고 있는지 확인하는 것도 중요하기에 틀린 답을 수정하거나 모르는 내용을 다시 공부하는 것은 피할 수 없는 일입니다. 이때 아이가 실패와 좌절의 상황을 위협적으로 느끼고 위축되거나 혹은 과하게 분노한다면, 부족한 부분을 메워 자신의 능력을 성장시키는 행동을 선택하기 어렵겠지요. 어떻게 하면 아이를 성장모드에 머물도록 도울 수 있을까요?

아이가 무언가를 하도록 만들고 싶다면 먼저 아이의 의도를 부르려는 의도를 가지세요. 반드시 해야 한다고 지시하는 것은 현재 상황에서 아이 자신이 선택할 수 있는 여지가 없다고 느끼게 만들어 불쾌감을 높입니다. 아이가 해낼 만한 과제임을 언급하거나 할 수 있다고 이야기하는 것이 아이의 의욕을 높입니다.

> 상황: 해야 할 일을 계속 미룰 때
>
> - 보호모드: "이거 오늘 꼭 해야 해!"
> - 성장모드: "오늘 할 일이 이거구나. 충분히 해낼 수 있을 거 같은데, 어때?"

잘 안 되는 상황에서 벗어나게 하려고 애쓰지 말고, 잘 안 되는 상태에 집중하게 하세요. 잘하라고 다그치면 아이는 억울해집니다. 잘 안 되는 이유를 생각해보면 당장 할 수 있는 일이 무엇인지 분명해집니다.

> 상황: 책상 앞에 앉아서 멍하게 있을 때
>
> - 보호모드: "얼른 집중해야지!"
> - 성장모드: "집중이 안 되는구나? 피곤하거나 기운이 없어서 그래? (문제가 어렵다고 투덜댈 경우) 문제가 어려워서 집중이 안 되는구나. 어디부터 잘 안 되는지 한번 볼까?"

부모가 아이의 마음을 이해하고 있음을 전달할 때 아이는 부모의 이야기를 통해 자신의 마음을 구조화합니다. 자기 자신을 더 잘 이해하면 자기조절과 통합도 수월해집니다.

> 상황: 공부한다고 방에 들어가서 몰래 핸드폰을 하다 들켰을 때
>
> - 보호모드: "곧 시험인데 몰래 핸드폰이나 하고! 제정신이야?"
> - 성장모드: "지금 조절이 잘 안 되는구나. 공부에 집중할 만큼 마음이 차분해지지 않았구나. 어떻게 하면 공부에 몰입하기 좋은 환경을 만들 수 있을까?"

현재 필요한 것에 집중하세요. 거대한 목표에 아이를 비교하면 아이는 낙담하는 마음과 무기력감에 빠지게 됩니다. 공부머리는 상처를 주기보다 성공할 수 있도록 도와줄 때 좋아집니다.

> 상황: 꾸물거리다 할 일을 다 하지 못했을 때
>
> - 보호모드: "이게 뭐가 힘들어? 집중만 했어도 진작에 끝났을 거야. 다른 친구들은 훨씬 더 많이 공부하는 거 몰라?"
> - 성장모드: "어떤 부분 때문에 공부가 미뤄졌니? 지난번에도 풀어본 부분이라 어렵진 않을 것 같은데…. 아직 시간이 있으니 한번 생각해보자. 지금 뭐부터 하면 좋을까?"

미숙함에는 훈련이 필요합니다. 숙달되는 데는 시간이 필요하지요.

잘 안 풀리는 문제, 이해되지 않는 내용을 반복해서 공부하는 동안 올라오는 좌절감, 답답함을 이겨내기란 쉬운 일이 아닙니다. 초등 학습력은 지식과 학습 기술을 쌓는 것과 동시에 불편한 감정을 정면 돌파하는 힘을 키우는 과정에서 얻어집니다. 이 시기를 무사히 통과하도록 지지하고 버텨주세요.

상황: 어렵다고 하기 싫다며 징징거릴 때

- 보호모드: "힘들다고 포기하면 어떡해! 그래서 되겠어?"
- 성장모드: "힘들더라도 이건 네가 해내야 할 부분이야. 지금 당장 하지 못하더라도 언젠간 해내야 해. 꾸준하게 도전해보자."

아이의 실패가 단지 목적을 이루지 못한 것뿐이고, 지금의 노력과 경험이 성장의 원동력이 될 거라 믿는 성장모드를 선택한다면, 아이는 어떤 실패에도 멈추지 않고 성공을 위한 노력을 지속할 수 있습니다. 세아 부모님도 성장모드의 작동이 필요했습니다. 세아의 성장을 확신할 수 있도록 세아에 대해 자세히 안내를 해드렸지요. "세아는 기질적으로 작은 일에도 부끄러움과 불쾌감을 크게 느끼는 아이입니다. 그러니 되도록 상황을 안전하게 느끼도록 도와주셔야 해요. 다정한 목소리로 말해주세요. 그리고 비난하는 게 아니더라도 세아의 부족한 부분을 들추며 더 노력하라고 말하지 않아야 합니다. 세아는 스스로 확신이 가득 차야 움직이는 아이예요. 세아가 쉽게 해낼 수 있는 분량을 주고,

칭찬과 지지를 충분히 하면서 천천히 학습량을 늘려보세요. 세아가 스스로 얼마나 뛰어난 사람인지 경험할 수 있도록 도와주어야 합니다."

이 이야기를 듣자 세아 부모님은 안색이 밝아졌습니다. 아이가 공부를 싫어하고 이것은 바꿀 수 없는 사실이라고 여겨왔는데, 이젠 세아를 성장모드로 볼 수 있게 된 것이지요.

아동기는 지능이 급격하게 발달하는 시기입니다. 오늘 아이의 실패가 내일의 실패를 의미하지 않지요. 실패와 실수의 경험은 아이의 노하우가 되고, 실력이 됩니다. 그리고 언젠가 성공의 경험이 더 많아지는 날이 오겠지요. 이렇게 되기까지 아이는 끊임없이 노력해야 하며, 발달의 시계가 허락하는 순간까지 버티기를 계속해야 합니다. 그리고 이 과정에서 경험하는 작은 성공과 실패는 아이에게 유능감과 자긍심을 선사합니다. 또한 이 과정을 통해 아이는 실패 상황에서 올라오는 불쾌한 감정을 감당할 수 있게 되고, 실수 안에서 새로운 해결책을 찾아가는 기술을 익히게 됩니다. 그리고 무엇보다도 아이가 자신의 성장 가능성을 확신하는 데 중요한 계기가 됩니다. 즉, 성공 경험도 중요하지만, 실패를 딛고 일어나는 과정에서 아이는 '아직 미흡하지만 난 할 수 있어!'라는 신념을 키워갑니다.

부모가 아이의 잘잘못을 평가하는 것은 아이의 성장에 큰 도움을 주지 않습니다. 그저 우리가 할 일은 아이가 자신의 성공과 실패에 대해 가져야 하는 태도를 안내해주는 것뿐입니다. 오늘 여러분은 아이의 실패에 어떤 태도를 보이겠습니까?

😠 "공부하기 싫어! 안 할 거야!"

😊 "아니, 다른 아이들도 다 하는 걸 왜 너만 유난이야!" ✘

"하기 싫을 수 있지. 하지만 네가 할 수 있도록 도와주고 기다려줄게." ✔

😠 "한다고 했는데 다 못 했어."

😊 "좀 더 노력해야지. 그렇게 진작 시작했으면 다 했을 거 아냐." ✘

"애썼구나. 네가 약속한 부분까지 해내려고 노력한 거 알아." ✔

😠 "짜증나. 힘들어. 하기 싫어." (하지만 끝까지 해낸 아이)

😊 "어차피 할 거 즐겁게 좀 해라. 맨날 그렇게 짜증낼 거야?" ✘

"하기 싫어도 끝까지 해내다니. 너의 의지가 정말 강해졌어." ✔

성장모드의 부모가 되고 싶다면 알아야 할 것

성장모드의 부모가 되고 싶다면 지금 아이의 모습 속에서 가능성을 발견할 수 있어야 합니다. 물론 다른 아이는 빠르게 앞서가는데 우리 아이만 제자리를 맴돌고 있는 것처럼 보이면 답답하고 불안해지며 아이의 잠재력을 발견하기 어려워지죠.

초등 5학년 정호는 수학 외의 다른 과목은 모두 공부하기를 거부하는 아이였습니다. 추론력이 우수하고 수에 대한 감각도 매우 좋은데, 암기하는 것을 싫어하다 보니 영어나 사회 과목은 모두 쓸모없는 내용이라며 배우려 들지 않았습니다. 정호 부모님은 정호가 아직 초등학생이니 책도 많이 읽히고 영어도 접하게 하고 싶은데, 아이가 싫다고 하니 억지로 시키지도 못하고 걱정만 하고 있었습니다. 정호를 직접 만나보니 정호는 자신의 관심사에서는 호기심도 많고 깊은 지식을 가지고 있었습니다. 좋아하는 영화 이야기가 나오자 신이 나서 그 시리즈의 전편을 설명하더라고요. 정호의 경우 좋아하거나 관심 있는 분야에서 새로운 것을 배우는 경험을 통해 학습의 영역을 넓히는 것이 수월하겠다는 판단이 들었습니다.

정호 부모님에게 수학의 심화를 진행하고 과학 공부를 시작하며, 정호와 같은 관심사를 가진 친구들을 만나보게 하라고 말씀드렸습니다. 그리고 좋아하지 않는 영어는 매일 조금씩, 꾸준히 공부하도록 공부방이나 학습기기를 활용하는 것을 추천해드렸지요. 정호에게도 당부했어요. 수학자들은 계산만 하거나 문제만 푸는 게 아니라 수에 대한 이론을 글로 풀어서 설명하는 일도 한다고요. 그래서 책을 읽거나 글을 쓰는 일도 아주 중요하다고 설명해주면서 수학자의 이야기나 수학을 주제로 한 몇 권의 책을 추천해주었습니다.

그리고 얼마 전 중학생이 된 정호를 다시 만났습니다. 정호는 지금도 여전히 수학을 좋아하고 영어는 좋아하지 않지만, 그래도 자신을 위해 꾹 참고 공부를 하고 있습니다. 수학은 실력이 많이 늘어서 큰 대회를 준비할 정도가 되었습니다. 정호 부모님이 정호의 강점은 살리고 약점은 기다려주는 전략을 잘 사용했기에 가능한 일이었습니다.

초등 아이를 둔 부모들에게 제가 주로 하는 이야기가 있습니다. "아이가 좋아하는 영역은 소나기처럼, 아이가 싫어하는 영역은 가랑비처럼 채워주세요." 부족한 부분을 메우려고 애쓰다가 아이가 공부에 흥미를 잃어버리면 치러야 하는 대가가 너무 크잖아요. 물론 하기 싫더라도 조금씩 꾸준히 노력해서 실력을 쌓아나가는 정도의 노력은 분명 필요합니다. 그렇다면 아이에게 소나기가 퍼붓듯 학습하게 할 부분과 가랑비처럼 스며들게 할 부분을 어떻게 구분할까요? 부모들이 아이 학습의 성향을 파악하기 위해 몇 가지 지식이 필요합니다.

첫 번째는 아이의 기질에 대한 이해입니다. 타고난 아이의 기질 특성을 이해하면 우리는 아이에게 요구할 부분과 기다려줄 부분을 구분할 수 있습니다. 아이의 현재 모습에 동의하고, 아이의 주변 환경을 조절하여 아이를 성장시킬 새로운 방법을 고안해낼 수 있습니다.

두 번째는 지능 발달에 대한 이해입니다. 아이에게 적절한 학습 속도와 방향은 아이의 지능 특성에 의해 결정됩니다. 단순히 머리가 좋다, 나쁘다가 아니라 아이 지능의 어떤 영역이 강점이고 약점인지 이해할 때, 우리는 공부가 힘들다고 징징거리는 아이의 머릿속에서 어떤 일이 일어나고 있는지 분명히 알 수 있습니다. 그리고 우리가 아이를 위해 어떤 일을 해야 할지도 구체적으로 알 수 있습니다.

마지막으로 습관 형성 과정에 대한 이해입니다. 초등 시기에 아이는 자기조절능력과 학습 기술을 형성해나갑니다. 이것은 하루 이틀의 지도로 완성되지 않으며, 반복적인 훈련이 필요합니다. 부모와 아이 모두에게 지극히 어렵고 끝이 없을 것처럼 지루하게 느껴지는 시간이지요. 하지만 습관을 형성하는 과정에도 단계가 있습니다. 아이의 변화를 알아차릴 수 있는 안목과 식견이 있다면 하루하루의 일상이 소중하게 여겨질 것입니다.

무엇보다 초등 아이의 학습에서 중요한 것은 아이가 해낸 공부에 대한 부모의 태도입니다. 아이가 해낸 성과가 부모 기대에 못 미치더라도 스스로 최선을 다한 것이라면 "수고했구나. 최선을 다했어."라고 이야기해줄 수 있어야 합니다. 그리고 이렇게 이야기하기 위해서는 아이를 믿고 아이의 가능성을 확신해야 합니다. 기질과 지능 발달, 습관 형성에 대한 이해를 통해 우리는 아이의 어려움에 연민을 느끼고, 의욕을 북돋을 방법을 발견할 수 있을 것입니다. 그럼 지금부터 본격적으로 시작해볼까요?

• PART 2 •

공부머리의 토대, '기질' 이해하기

01

기질
바로 알기

찬준이와 지우, 수학을 왜 힘들어할까요?

찬준이 어머니는 찬준이가 수학 공부할 때마다 스트레스입니다. 개념은 잘 알고 있는 것 같은데 응용문제를 풀기 시작하면 한 문제를 풀 때마다 '너무 어렵다' '잘 모르겠다' '안 배운 거 아니냐'고 이야기하며 징징거리기 때문입니다. 찬준이를 옆에서 지켜보면 눈은 문제를 쳐다보고 있는데 머릿속은 딴 세상에 가 있는 것 같습니다. 답답한 마음에 "어떻게 풀 수 있을까? 전에 푼 문제 중에 비슷한 문제는 없어? 이 지문에서 뭘 구하라고 하는 거야?"라고 질문을 하면 찬준이는 아무것도 모르겠다는 표정으로 입을 다뭅니다.

찬준 어머니는 찬준이가 초등 저학년 때는 아직 어리다 싶어 기다렸습니다. 그런데 초등 3학년이 되어도 그대로인 모습에 속이 터집니다. 한 번만 생각해보면 풀릴 문제인데 지문이 길면 무조건 모르겠다고 별표를 치고, 책도 두껍다고 느껴지면 아예 읽을 생각을 하지 않습니다. 찬준이는 무엇이든 조금만 어려워져도 금방 포기합니다. 지금 다니고 있는 수학 학원도 처음에는 선생님이 설명해주시니 이해도 잘 되고 좋다며 잘 다니는 듯했습니다. 하지만 선생님이 숙제를 꼼꼼히 설명해주자 징징거림이 시작되었습니다. 선생님은 찬준이가 틀린 문제를 다시 풀어보라고 하거나, 오답 문제와 비슷한 문제를 골라 복습하는 걸 다른 친구들보다 힘들어한다고 합니다. 하지만 찬준이는 스스로가 지금 이 정도로도 괜찮은 것 같은데 선생님이 자신을 괴롭히려고 공부를 시킨다고 이야기합니다.

지우도 수학 학원에 갈 시간이 되거나 수학 공부를 시작할 때면 한숨을 푹푹 쉬며 힘들어합니다. 징징거리는 것은 찬준이와 비슷하지만, 지우는 막상 시작하면 끝까지 포기하지 않고 열심히 합니다. 학교나 학원에서 보는 수학 시험 결과도 늘 우수합니다. 하지만 지우가 무언가를 시작하기 전에 늘 자신 없어 하는 모습이 지우 어머니는 걱정입니다. 어머니가 보기에는 충분히 풀 만한 문제도 지우는 '틀리면 어떻게 하지? 너무 어려워서 난 절대 못 풀어'와 같이 부정적으로 표현합니다. 처음 수학 공부를 시작했을 때 연산 문제집에서 한 문제라도 틀리면 엉엉 울며 속상해했지요. 지우는 자신의 기대만큼 스스로 완벽하게 해내지 못하면 쉽게 좌절합니다. 어머니가 아무리 '괜찮다, 잘했다'

라고 말해도 울음을 그치지 않았습니다. 일기를 쓸 때는 잘못 쓴 글자를 지우다 깨끗하게 지워지지 않으면 새로 다시 쓰기도 했습니다.

지우 어머니도 처음에는 이런 지우의 모습을 긍정적으로 보려고 노력했습니다. 실수하지 않으려고 애쓰는 마음은 좋은 거니까요. 하지만 얼마 전, 학원에 입학 테스트를 보러 간 지우가 어렵지 않은 문제를 틀려 낮은 점수를 받자 지우 어머니도 긴장하면 실력 발휘를 못 하는 지우가 걱정되기 시작했습니다. 그리고 지우는 이런 자신의 모습을 아쉬워하는 엄마의 마음을 알게 된 후로 공부가 더 불편하고 힘들게 느껴집니다.

기질이란 무엇인가요?

찬준이와 지우 모두 수학을 힘들어하지만, 그 이유는 다릅니다. 찬준이는 지금도 충분한데 더 어려운 걸 해야 한다는 사실을 받아들이기 힘들어하고, 지우는 실수하지 않으려 조심하다 오히려 결과가 안 좋아지는 것이지요. 이런 차이는 어디에서 발생하는 걸까요? 찬준이와 지우의 마음이 궁금하다면 '기질'에 주목해주세요.

기질이란 자동차의 자율주행 장치처럼 외부의 자극을 감지해 우리가 어떻게 행동할지 알아서 결정하는 두뇌의 행동 조절 시스템입니다. 눈과 귀 등 감각기관에 감지된 자극 중 대부분은 뇌의 사고 과정을 거치지 않고 신경계에서 자동으로 처리됩니다. 예를 들어, 얼굴을 향해 날아오는 공을 보면 우리는 즉각적으로 고개를 숙이거나 피하는 행동을 합니다. 뜨거운 주전자에 손을 대면 '뜨겁다'라고 생각하기도 전에 바로 주전자에서 손을 떼어 귀로 가져가지요. 외부의 위협적인 자극을 감지한 신경계가 대뇌피질의 사고 과정을 거치지 않고 자동으로 재빠르게 행동하라는 명령을 내리기 때문입니다. 이 모든 것은 뇌가 과부하 상태에 빠지지 않고 우리의 생존에 유리하게 작동하도록 돕기 위함입니다. 이때 외부 자극에 반사적으로 작동하는 개인의 정서적 반응과 행동 경향성을 바로 기질이라고 합니다.

기질은 외부 환경 중 주의를 기울일 것과 아닌 것을 변별하는 개개인의 필터입니다. 그리고 걸러진 정보에 맞추어 일정한 패턴으로 행동하게 만들지요. 예를 들어, 외부의 자극에 행동이 쉽게 활성화되는 기질의 아이가 있습니다. 이 아이는 부모가 공부하라고 이야기하면 그것을 하나의 자극으로 받아들여 알겠다고 바로 응답합니다. 자극과 변화를 민감하게 알아채는 필터를 가지고 있고, 이 필터에 자극이 감지되면 빠르게 반응하도록 프로그래밍 되어 있는 기질 시스템을 가지고 있기 때문입니다. 그러나 이 아이는 자극이 사라지면 다음 자극을 빠르게 탐색합니다. 자극을 바라고 구하는 것이 이 아이의 기질 특성이기 때문입니다. 그리고 다른 자극이 주의를 끌면 조금 전 들었던 부모의 지시를 쉽게 잊습니다. 때마침 들려오는 TV 소리나 동생의 웃음소리로 주의가 전환되면 공부를 시작해야 한다는 사실을 잊고 쉽게 다음 자극에 반응하는 행동을 보이는 것이지요. 부모님의 눈에는 아이가 부모의 말을 듣지 않고 꾀를 부리는 모습으로 보이지만, 사실 아이는 자신의 기질적 특성으로 인해 쉽게 주의가 다른 곳으로 이동된 것입니다. 할 일을 잊고 자꾸 주의가 산만해지는 것은 의지가 부족하거나 아이가 부모의 지시를 무시해서가 아니라 자극에 쉽게 반응하는 기질을 가졌기 때문일 수 있습니다.

기질 특성은 뇌의 깊숙한 곳에 있는, 두려움을 느끼고 위험을 감지하는 역할을 하는 편도체와, 쾌감을 기대하고 새로운 자극을 찾아다니게 하는 복측피개 영역에 의해 좌우됩니다. 이때 도파민이나 세로토닌 같은 신경전달물질의 분비 정도가 편도체와 복측피개 영역의 활성화 수준을 결정하는데요. 신경전달물질의 분비량은 유전자의 영향을 받으며 개인마다 차이가 있습니다. 이것이 바로 인생에 걸쳐 안정적으로 기질이 유지됨과 동시에 사람마다 각기 다른 성향을 보이게 되는 이유이지요.

기질은 주로 정서나 자극에 대한 반응 정도, 스스로에 대한 통제력이나 행동의 강도 등으로 드러납니다. 연구자들은 기질을 9가지 영역에 기반하여 세 유형으로 분류했습니다. 쉬운 아이, 까다로운 아이, 더딘 아이입니다. 기질에 관한 초창기 연구 결과를 보면 40% 정도의 영아가 쉬운 아이에 포함되고, 10% 정도는 까다로운 아이, 15% 정도가 더딘 아이로 구분된다고 합니다[1]. 이러한 기질 분류는 발달 과정에서 양육자가 아이에게 느끼는 어려움을 공감하고 기질에 따른 적절한 양

- 활동 수준: 아이가 얼마나 많이 움직이는가, 그리고 활동에 얼마나 적극적인가
- 리듬성: 아이의 식습관이나 수면이 얼마나 규칙적인가
- 주의분산도: 한 자극에 얼마나 오래 집중할 수 있는가. 또는 다른 자극에 주의가 쉽게 분산되는가
- 접근과 철회: 새로운 장소나 사람, 활동에 관심을 보이며 쉽게 접근하는가
- 적응성: 새로운 상황이나 활동에 빠르게 적응을 잘하는가
- 주의력과 끈기: 놀이나 활동, 과제를 끝까지 해내는가, 금세 포기하는가
- 반응 강도: 불편하게 느끼는 상황에 얼마나 강한 반응을 보이는가
- 반응 역치: 강한 자극이어야 반응이 일어나는가, 작은 자극에도 쉽게 반응하는가
- 정서의 질: 긍정 정서나 부정 정서를 얼마나 강하게 표현하는가

육법을 안내해주는 데 효과적입니다. 그러나 이러한 기질 유형에 분류되지 않는 35% 아이의 특성도 이해할 수 있고, 아이들이 까다롭고 더딘 이유가 설명되는 기질 이론이 있다면 부모에게는 더욱 도움이 되겠지요. 미국의 유전학자 클로닝거Cloninge 박사는 오랜 연구를 통해 생물학적으로 타고나는 기질의 4가지 차원을 발견하였습니다. 지금부터 클로닝거 박사의 이론을 토대로 기질의 특성을 알아보겠습니다.

4가지 기질 특성을 알아봅시다

클로닝거 박사는 신경전달물질 체계와 관련하여 드러나는 기질의 4가지 차원, 즉 자극추구, 위험회피, 사회적 민감성, 인내력을 발견하였습니다. 예를 들어, 외부 자극에 민감하여 쉽게 행동이 활성화되는 자극추구 기질은 도파민의 작용이 중심 역할을 하고, 위험으로 지각되는 상황에 행동이 억제되는 기질은 세로토닌이 결정적인 역할을 합니다. 그리고 행동을 유지하도록 하는 보상에 대한 민감성은 노르에피네프린이라는 신경전달물질에 의해 영향을 받습니다. 이때 다른 사람과의 친밀감에 민감한 기질 차원은 사회적 민감성으로, 성취 보상에 민감한 기질 차원은 인내력으로 분리됩니다.

자극추구 기질

자극추구 기질이 높은 아이들	1. 원하는 것이 있으면 당장 갖고 싶어 해요. 2. 다른 아이들보다 활동적이고 가만히 있지 못해요. 3. 어떤 일을 설명할 때 과장하여 이야기하는 편이에요. 4. 또래 친구보다 감정을 강하게 표현해요.
자극추구 기질이 낮은 아이들	1. 한 가지 일에 집중하며 그 상태를 오랫동안 유지해요. 2. 규칙이나 지시를 지키거나 따르는 것을 잘해요. 3. 또래 친구들보다 감정의 변화가 적고 심사숙고해요. 4. 익숙한 방식대로 행동하는 것을 선호해요.

자극추구는 새로운 자극이나 보상이 되는 자극에 쉽게 끌리고 행동이 활성화되는 유전적인 경향성입니다. 자극추구 기질이 높은 아이는 자신을 신나게 하고 흥분시키는 자극과 보상에 강렬하게 끌리고, 이러한 자극과 보상을 끊임없이 탐색합니다. 예를 들어, 놀이터에서 미끄럼틀 위에 올라가면 그저 타고 내려오기만 하는 것이 아니라 미끄럼틀의 지붕 꼭대기까지 올라가려고 애쓰고, 공부를 마칠 때까지 자리에 앉아있으라고 아무리 소리쳐도 작은 소리에 방문을 열고 뽀르르 달려나오는 아이들을 보면 대부분 자극추구 기질이 높습니다. 자극추구 성향의 아이는 활기차고 적극적이며 과감한 모습을 보입니다. 또한, 자극추구 기질이 높은 아이는 자신이 원하는 것을 그 순간 할 수 있는 자유를 원합니다.

반면 자극추구 기질이 낮은 아이는 느긋하고 정적이며, 신중하고 절제력이 높습니다. 이 유형의 아이는 자신이 상황을 통제하고 조절할 수 있기를 바랍니다. 호기심이 부족하지만 단조로운 상황을 잘 견디고 한 가지 일에 깊게 집중합니다. 익숙한 상황에서 정보를 수집하여 세밀하게 분석하는 능력이 뛰어나고, 규칙에 따라 행동하기를 좋아합니다. 그렇다 보니 신체활동이나 새로운 학습에 큰 흥미를 보이지는 않지만, 과도한 요구를 하지 않는다면 정해진 분량을 끝까지 마치려고 노력하며 한 번 형성된 학습 습관이 쉽게 무너지지 않습니다.

위험회피 기질

위험회피 기질이 높은 아이	1. 실제 상황보다 더 나쁘거나 위험하다고 생각할 때가 있어요. 2. 낯선 장소에 가면 익숙해지는 데 시간이 필요해요. 3. 다른 사람들이 자신을 지켜본다고 느끼면 긴장감을 크게 느껴요. 4. 쉽게 피곤함을 느껴요.
위험회피 기질이 낮은 아이	1. 예상치 못한 상황에 당황하더라도 빨리 안정을 되찾아요. 2. 낯선 상황에도 잘 적응해요. 3. 여러 사람 앞에서 발표하거나 노래 부르기를 좋아해요. 4. 스트레스 상황에서 쉽게 벗어나요.

위험회피는 두려움을 유발하는 자극이나 위험한 상황을 만나면 행동이 억제되고 위축되는 유전적인 경향성입니다. 위험회피 기질이 높은 아이는 안전감을 매우 중요하게 여기기 때문에 앞으로 닥칠 일을 미리 걱정하는 편이며 조심성이 많습니다. 낯선 상황이나 위험할 법한 상황에 염려하고 걱정하는 것은 자연스러운 모습이지만, 별로 위험하지 않거나 안심할 만한 상황에서도 비관적이며 부정적으로 생각합니다. 예를 들어, 친한 친구를 집에 초대하고 싶어 하면서도 평상시 잘 지내던 그 친구가 갑자기 자기를 싫어해서 초대에 응하지 않으면 어떻게 하냐며 걱정하기도 합니다. 창피하거나 당황스러운 경험을 견디기 어려워하며, 한 번 이런 경험을 하면 쉽게 그 기억에서 벗어나기 어려워합니다. 그런 만큼 실수하지 않기 위해 최선을 다해 노력하며 신중하게 행동합니다.

반대로 위험회피 기질이 낮은 아이는 과감하고 자신감이 높습니다. 경험과 체험이 이 아이들에게는 동기를 자극하는 중요한 요소입니다. 낯설고 위험한 상황에서 쉽게 위축되지 않고, 낙관적으로 생각하며 변화에 잘 적응합니다. 새로운 친구들을 만나면 먼저 말을 걸며 분위기를 주도하고, 활력이 넘쳐 웬만한 스트레스에서는 쉽게 회복됩니다. 적응력이 좋은 것이 장점이지만 낙천적인 만큼 세부적인 사항을 고려하지 못해 위험한 상황에 노출되거나 실수를 반복하는 경향이 있습니다. 그리고 문제 상황을 해결하기보다는 괜찮다고 생각하고 그냥 넘어가려 할 때도 있습니다.

사회적 민감성

사회적 민감성이 높은 아이	1. 주변 사람들에게 위안받기를 원해요. 2. 다른 사람을 배려하고 잘 돌봐요. 3. 주변 사람들을 기쁘게 해주려고 노력해요. 4. 익숙한 상황이라도 혼자 하는 것에 자신 없어 해요.
사회적 민감성이 낮은 아이	1. 칭찬받거나 인정받는 것에 크게 신경 쓰지 않아요. 2. 자신이 원하는 대로 행동하며, 주변 사람의 감정에 크게 흔들리지 않아요. 3. 감정적으로 호소하듯 이야기해도 자기 뜻을 굽히지 않아요. 4. 다른 사람의 감정에 둔감해요.

사회적 민감성은 사회적인 관계를 형성하는 데 중요한 감정과 소통의 신호에 얼마나 민감하고 의존적인지를 나타내는 기질 특성입니다. 사회적 민감성이 높은 아이는 마음이 따뜻하고 헌신적이며, 감수성이 풍부하고 다른 사람의 마음에 공감하거나 자신의 감정을 표현하는 데 능숙합니다. 이 유형의 아이들에게는 어딘가에 소속되어 있고 누군가와 함께 있다는 느낌이 중요합니다. 또한 자신이 좋아하는 사람을 쉽게 발견하고 친구를 쉽게 사귀며, 친구를 매우 소중하게 여깁니다. 그러다 보니 친구의 생각이나 감정에 쉽게 영향을 받고, 관계가 어그러지면 크게 상처를 받습니다.

반면에 사회적 민감성이 낮은 아이는 주변 사람들의 감정에 관심이 없고, 단짝 친구를 사귀고 싶다거나 친구가 없어서 외롭다는 표현을 거의 하지 않습니다. 이 아이는 주변을 신경 쓰지 않고 독립적으로 행동하는 힘을 갖고자 합니다. 사회적 민감성이 낮은 아이들이 학교에서 친구들과 잘 어울리지 못한다는 뜻이 아닙니다. 모둠 활동을 하거나 반 친구들과 어울려 생활할 때 큰 어려움 없이 잘 지내지요. 다만, 혼자 있는 것도 편안해하므로 먼저 친구를 사귀기 위해 노력하지 않습니다. 친구들의 뜻에 따라 자신의 결정을 바꾸거나 친구들의 감정을 살펴 조심히 행동하는 모습도 잘 보이지 않지요. 자신의 감정이 불쾌해지면 더욱더 주변 상황이나 사람들을 고려하지 않고 고집을 부리기도 합니다.

인내력

인내력이 높은 아이	1. 자신이 하는 일은 끝까지 밀어붙여요. 2. 하던 일을 중단하길 힘들어해요. 3. 하던 일을 잘하게 될 때까지 계속해요. 4. 성공할 때까지 그 일을 고수해요.
인내력이 낮은 아이	1. 어렵다고 느끼면 쉽게 포기해요. 2. 자신이 하는 일에 쉽게 만족해요. 3. 실패나 좌절의 상황에 부딪히면 쉽게 포기해요. 4. 노력을 기울여야 할 때 미루거나 꾸물거려요.

인내력은 한 번 칭찬을 받거나 인정을 받은 행동을 꾸준히 지속하려는 유전적 경향성을 의미합니다. 인내력이 높은 아이는 부모가 특별히 상을 주거나 칭찬하지 않아도 해야 할 과제를 끈기 있고 빠르게 해냅니다. 스스로 이뤄내려는 성취 욕구가 높아 숙제에서 어려운 부분이 나오거나 부족한 부분을 지적받으면 그것을 마무리하려고 애쓰는 모습을 보이며, 좌절감과 피곤함을 이겨내고 무언가 이루어낼 때 성취감과 희열감을 크게 느낍니다. 때론 이런 모습이 완벽주의적인 성향으로 드러나거나 상황의 변화에 잘 적응하지 못하는 융통성이 부족한 모습으로 비치기도 합니다.

인내력이 낮은 아이는 즐겁고 편안한 상태를 유지하길 바랍니다. 애쓰거나 노력하기를 좋아하지 않다 보니 주변과 타협을 하거나 하나의 활동에서 다른 활동으로 주의를 전환할 때 잘 적응한다는 장점이 있습니다. 그러나 끈기가 부족하여 꼭 해야 할 일만 마지 못해 겨우 해내고, 조금 어렵다 싶으면 쉽게 포기합니다. 아무리 부모가 어르고 달래도 풀어야 할 문제가 너무 많거나 어렵다고 느끼면 힘들다고 징징거립니다. 그리고 몸이 피곤한 날에는 미루거나 꾸무럭거리는 행동이 더욱 강해집니다.

기질의 이해는 아이를 전체적으로 바라보게 합니다

기질은 사람들이 저마다 갖고 태어나는 '특별함'입니다. 개인마다 두드러져 보이는 기질적 특성은 다르지만, 우리 모두 이 4가지의 기질을 가지고 있습니다. 기질의 강도에 따라 그 사람의 특성이 다양한 모습으로 드러나며, 우리는 같은 상황에서 아이마다 다르게 행동하고 반응하는 이유를 기질을 통해 발견할 수 있습니다. 도서관과 놀이공원 모두 아이들에게 즐거운 곳이지만, 어떤 아이는 도서관을, 어떤 아이는 놀이공원을 더 편안해하지요. 어떤 일이 벌어질지 분명히 알아야 안심하고 편안해하는 위험회피 기질이 높은 아이는 도서관에서 더 안정감을 느끼고, 새로운 환경이나 왁자지껄한 분위기를 좋아하는 자극추구 기질이 높은 아이는 놀이공원이 더 자신에게 어울린다고 생각할 것입니다.

기질은 스트레스 상황에서 더욱 두드러집니다. 신학기가 시작되면 자극추구 기질이 높은 아이는 평상시보다 더 붕 떠 보이고 부산해 보일 수 있습니다. 새로운 선생님과 친구들, 교실이 아이의 기질을 자극하기 때문입니다. 한편 위험회피 기질이 높은 아이는 학교에서 돌아와 낮잠을 자야 할 정도로 피곤해하거나 이전보다 심하게 부모에게 징징거리기도 합니다. 낯선 선생님과 교실이 이 아이에게는 예측할 수 없는 상황으로 다가오기에 긴장감이 높아져 체력이 빠르게 소진되기 때문입니다. 같은 상황에서 사회적 민감성이 높은 아이는 새로운 친구들을 사귀는 데 빠져 해야 할 숙제를 미루거나 공부에 집중하지 못하고 친구들과 연락을 주고받는 데에만 정신을 쏟을 수 있으며, 인내력이 낮은 아이는 학년이 올라가며 어려워진 공부에 한숨 소리가 더 커질 수 있습니다.

급격하게 발달이 일어나는 시기에 아이는 성장통을 겪으며 평상시와 달리 예민해지거나 짜증 내는 횟수가 늘어날 수도 있습니다. 아이의 기질을 속단하지 마세요. 변화무쌍한 성장의 과정에 있는 아이의 어느 한 모습을 확대하여 그것이 아이의 기질이라고 단정 짓기는 위험합니다. 초등 아이는 매년 키가 약 5.9cm씩 자라고 몸무게는 평균 4.1kg씩 증가하는데, 변화를 거듭하는 발달 과정을 꾸준히 살펴보며 아이를 관찰해야 비로소 그 안에서 드러나는 아이의 기질을 발견할 수 있습니다. 기질은 어느 한 순간이 아니라 아이의 어린 시절부터 일관성 있게 드러나는 것입니다.

그렇다면 기질을 살펴봐야 하는 가장 중요한 목적은 무엇일까요?

바로 아이를 전체적으로 보기 위함입니다. 자극추구 기질이 높은 아이보다 낮은 아이가 행동의 절제력이 높아 학습을 완성하는 데 이점이 있지만, 자극추구 기질이 낮은 아이보다 높은 아이가 새로운 정보를 받아들이는 데 개방적이어서 흡수가 빠릅니다. 위험회피 기질이 높은 아이는 신중하여 실수가 적지만 꼼꼼하게 공부하느라 학습에 시간이 많이 소요되고, 반대로 위험회피 기질이 낮은 아이는 빠르게 학습을 완수하지만 중간중간 구멍이 발생하지요. 사회적 민감성이 높은 아이는 주변의 기대에 부응하고자 최선을 다하지만 공부를 혼자 해내는 시간을 싫어합니다. 반면 사회적 민감성이 낮은 아이는 고집을 꺾기 어렵지만, 학습의 주제가 본인의 관심사라면 흔들리지 않고 끝까지 해내지요. 인내력이 높은 아이는 늘 최선을 다하지만 그만큼 스트레스를 많이 받고, 인내력이 낮은 아이는 악착같은 면은 적지만 마음이 편안하고 여유롭습니다.

이처럼 기질은 동전의 앞뒤처럼 강점과 약점이 함께합니다. 이때 아이 기질의 약점을 고치는 데 초점을 맞춘다면 아이 기질의 강점도 잃게 될 수 있지요. 만약 자신의 기질을 아직 조절해내지 못하는 자극추구 기질이 높은 아이에게 문제나 글자가 빽빽한 책을 들이밀고 왜 최선을 다하지 않냐고 다그치면, 아이는 학습 의욕이 낮아지고 자신감도 떨어집니다. 대신 문제 수가 적고 얇은 문제집을 여러 권 풀게 하거나, 같은 주제를 가진 책을 여러 권 교차하여 읽을 때 자극추구 기질이 높은 아이는 자신의 기질을 잘 조절해냅니다. 위험회피 기질이 낮은 아이는 사소한 실수를 반복합니다. 이 아이에게는 실수하지 말라고 잔소리하기보다 하루하루의 실수 개수를 달력에 기록하여 어떤 상황에서 실수가 잦아지는지 관찰하게 할 수 있지요. 대범한 기질과 반대로 세심하게 생각해볼 기회를 주는 것입니다. 사회적 민감성이 높은 아이에게는 틀린 문제를 다시 풀라고 하기보다 이 문제를 틀린 친구에게 설명해준다고 생각하고 동영상을 찍어보라고 할 수도 있고요. 인내력이 높아 공부 스트레스로 짜증을 내면 같이 산책을 하거나 심호흡하며 마음을 돌보는 경험을 함께할 수도 있습니다.

우리는 아이의 기질 중 부족한 부분에만 집중하는 어리석음을 경계하고 기질 전체를 보기 위해 노력해야 합니다. 기질은 우리의 외모처럼 타고난 영역입니다. 모든 기질은 쓰임이 있고 소중합니다. 그리고 부모가 아이의 기질을 온전히 바라볼 때 아이는 자기 기질의 강점과 약점을 통합할 수 있습니다. 아이의 빛나는 부분이든 어두운 부분이든 이 모든 것이 아이의 한 부분일 뿐임을 알고 아이를 존중해야만 아이는 자신을 존중할 수 있고, 자신의 약점을 조절하는 힘을 키워나갈 수 있습니다.

부모-아이의 기질에도 궁합이 있나요?

4가지 기질을 살펴보며 어떤 마음이 들었나요? 아이가 자극추구는 강하고 인내력이 낮아서 어떻게 공부시켜야 할지 골치가 아플 수도 있고, 자기 일은 제대로 하지도 않고 친구 따라 이리저리 몰려다니기만 좋아하는 게 사회적 민감성 때문이었음을 이해하게 되었을 수도 있을 겁니다. 혹은 아이가 나를 닮아 적극적이고 낙천적이었다는 것을 알게 되어 반가울 수도 있고, 자극추구 기질이 높은 아이가 방에서 혼자 공부하는 것이 무척 고역이었음을 이해하게 된 경우도 있을 겁니다.

한 아버님이 아이와 함께 기질 검사를 받으러 왔습니다. 주변에서 아이가 충동적이고 산만하다고 이야기하는데, 자신은 이해가 안 가 전문가의 의견을 듣고 싶어 왔다고 했습니다. 그런데 검사 전 간단하게 인터뷰하는 동안 아버님은 이리저리 상담실을 둘러보며 이야기 중에 책상 옆의 책장에 올려진 책을 들춰보거나 장식품을 만져보았습니다. 아버님도 아이처럼 자극추구 기질이 높은 분이었던 것이었지요. 주변에서 아이의 행동에 적절히 개입하라고 조언을 해도 아버님은 자신과 비슷한 아이의 행동이 문제로 보이지 않았던 것입니다.

기질은 타고나는 영역입니다. 기질에 좋고 나쁨은 없지만, 나와 맞는 기질과 아닌 기질은 있을 수 있습니다. 물론 우리가 한 가지 기질 특성만을 가지고 있는 것도 아니고 대부분 하나 이상의 기질에서 평균보다 높거나 낮은 경향이 있으므로 단정하여 말하기는 조심스럽지만, 부모와 아이의 기질이 상반되면 서로를 존중하기가 쉽지 않습니다. 아이와 기질로 갈등을 겪고 있다면 아이에게 어떤 부모가 필요할지 생각해봐야 합니다.

자극추구 기질이 낮은 부모와 높은 아이

　자유분방하고 즉흥적인 자극추구 기질의 창수는 자극추구 기질이 낮은 아버지와 마찰이 잦습니다. 규칙에 따라 상황을 통제하려는 욕구가 강한 아버지의 눈에 창수는 변덕스럽고 제멋대로 행동하는 문제아입니다. 방에 진득하게 앉아서 공부하기 어려워하고, 식사 시간에 가만히 앉아 밥을 끝까지 먹지 못하고 돌아다니는 창수가 못마땅하지요. 온종일 같이 있는 주말에는 "가만히 있어라" "다 먹고 일어나라" "집중해서 끝까지 책을 봐야지"라며 잔소리만 하다 하루가 지나갑니다. 하지만 창수 어머니 눈에 창수는 끈기는 좀 부족하지만 활달하고 재미있는 아이입니다. 학교 상담에서도 담임선생님은 창수가 교실에서 분위기를 활력적으로 이끄는 적극적인 학생이라고 칭찬합니다. 물론 조용하고 차분한 학생을 선호하는 담임선생님을 만나 창수가 힘들어할 때도 있었지만, 대체로 선생님들은 창수를 말이 많고 유머러스하며 호기심이 많은 아이로 기억합니다.

　창수 어머니는 창수가 아버지와 함께 있으면 눈치를 보느라 행동도 더 부산스러워지는 것 같아 창수 아버지와 함께 훈육의 주제를 선별하였습니다. 예를 들어, 창수가 이것저것 기웃대느라 공부를 시작하지 못하는 것은 시간이 되면 바로 시작하도록 단호하게 관리하기로 했습니다. 또한 티키타카 대화하기를 좋아하는 창수가 공부 시간에 말을 걸면 타박하듯 "공부나 빨리해"라고 말하던 것을 "공부를 마치고 이야기하자"라는 식으로 다정하게 대답하기로 했습니다. 더 중요한 부분에 훈육의 초점을 맞추고 그 외의 부분에서는 기질대로 편안하게 행동하도록 허용하고요. 이 과정에서 창수 부모님은 창수가 '왜 못 할까?'라고 생각하며 속으로 답답해하기보다는, 부모님이 원하는 것을 구체적으로 전달하고 해내도록 격려하는 것이 효과적임을 알게 되었습니다.

위험회피 기질이 높은 부모와 낮은 아이

은채 어머니는 기질적으로 익숙한 것이 편안하고 불확실한 상황을 좋아하지 않으며 수줍음이 많은 편이라 조심스럽고 조용합니다. 번잡하거나 복잡한 곳을 꺼려서 주말에도 집 근처에 잠깐 나들이하는 정도로만 시간을 보냅니다. 반면 은채는 활기가 넘치고 대범한 아이입니다. 동네 놀이터에 은채를 모르는 아이들이 한 명도 없습니다. 아이들은 늘 재미있는 놀이를 계속해서 만들어내는 은채와 어울리려 하지요. 놀이터 옆 수풀에서 마른 나뭇가지를 가져와 바통이라며 아이들과 릴레이 달리기를 하기도 하고, 자전거를 타고 낯선 동네까지 다녀오기도 합니다. 은채 어머니는 나중에 이 이야기를 주변 어머니들에게 전해 들은 후부터 걱정이 태산입니다. 은채가 워낙 겁 없이 행동하니 사고라도 날까 걱정이 됩니다. 초등 저학년까지는 은채를 따라다니며 돌봐줬지만, 이제는 친구들과 놀겠다고 하고 나가버리니 은채 어머니는 집에서 마음만 졸입니다.

은채의 거침없는 성향에 늘 전전긍긍하던 은채 어머니는 최근 은채의 기질 검사를 하다 오히려 어머니 자신을 돌아보게 되었습니다.

은채가 위험하고 아슬아슬한 상황을 자주 만들어 문제라고 생각했었는데, 검사 결과를 보니 은채 어머니가 위험한 상황을 과도하게 피하려 하고, 작은 문제도 크게 부담스러워하는 기질을 가지고 있어 그동안 은채의 행동을 편안하게 바라보기 어려웠다는 걸 알게 된 것이지요. 상담 선생님은 은채 정도면 미리 걱정하거나 위축되지 않는 긍정적인 아이이며, 위험한 상황에서도 자신감을 잃지 않으니 이런 용감함을 잘 살릴 수 있는 진로를 찾아주면 좋겠다고 말했습니다. 은채 어머니는 이번 상담을 통해 은채의 행동과 자신의 감정을 구분하려고 노력하게 되었습니다. 어떤 부모도 아이의 모든 문제를 예방하고 해결해줄 수 없다고 스스로 되뇌고, 은채의 힘을 믿고 마음을 편하게 갖는 연습을 시작했지요. 편안한 눈으로 은채를 바라보자 은채 어머니는 그동안 알지 못했던, 상황에 맞게 행동하려고 조심하는 은채의 모습을 발견할 수 있었습니다.

사회적 민감성이 높은 부모와 낮은 아이

성준이는 고집이 센 편입니다. 상황이 자기 마음에 들지 않으면 자신의 기분이 상했음을 강하게 표현합니다. 사회적 민감성이 높은 성준 어머니는 최대한 성준이에게 맞춰주려고 노력합니다. 성준이가 화를 내거나 불만을 표현하면 관계를 중요하게 여기는 성준 어머니의 마음이 힘들어지기 때문입니다. 지난 주말, 성준 어머니는 성준이가 학원에 가기 싫다고 떼를 쓰자 학원에 연락해 수업 시간을 옮겨주었습니다. 하지만 막상 옮겨진 수업 시간이 되자 성준이는 또 학원에 가기 싫다며 짜증을 내기 시작했습니다. 성준 어머니는 이럴 때 좌절감이 듭니다. 성준이의 마음도 이해해주고, 상황도 설명해주면 성준이도 부모의 말을 잘 따라줘야 하는 게 아닌가 싶습니다. 하지만 어머니가 길게 이야기할수록 성준이는 자기 말을 들어주지 않는다고 더 크게 짜증을 냅니다.

　다른 사람의 감정이나 의견에 둔감한 성준이는 부모의 입장을 아무리 잘 설명하더라도 자신이 원하는 것이 이루어지지 않으면 자유를 침해당했다고 생각해 화가 납니다. 성준 어머니는 이러한 성준이의 기질이 자신과 다름을 알고 난 후, 성준이의 감정에 공감해주려고 하고 되도록 성준이의 입장에 맞추려 했던 자신의 행동이 훈육 상황에서 성준이를 혼란스럽게 한다는 것을 이해하게 되었습니다. 성준이는 자신의 요구가 거부당하면 불쾌감에 휩싸여 뇌의 사고 기능이 저하되기 때문에 아무리 부모가 좋은 말로 설득해도 받아들이기 어려웠다는 것을 알게 되었지요. 성준 어머니는 성준이가 반드시 지켜야 할 규칙은 타협 없이 단호하게 대처하고, 그 외의 상황에서는 성준이가 선택할 수 있도록 여지를 주기로 했습니다. 성준이는 자신이 선택할 수 있는 것과 없는 것을 분명하게 알게 되면서, 오히려 자신이 자유를 존중받고 있다고 느끼게 되었습니다.

인내력이 높은 부모와 낮은 아이

찬희 부모님은 어려운 문제만 보면 빠르게 포기하는 찬희가 실망스럽습니다. 찬희는 학구열이 높은 지역에 살고 있어 공부 시간이 길고 학습 강도도 높은 편입니다. 그러나 공부를 잘하는 주변 아이들과 비교해보면 찬희는 아주 우수한 편은 아닙니다. 인내력이 강해 성취의 기준이 높은 찬희 부모님은 찬희가 쉬는 시간을 줄여가며 최선을 다해 노력했으면 좋겠습니다. 그러나 찬희는 아무리 노력해도 부모님을 만족시키기 어려우니 노력해봤자 소용없다는 생각만 듭니다.

찬희처럼 인내력이 낮은 아이는 애를 많이 써야 하거나 좌절감이 느껴지는 상황에 포기가 빠릅니다. 좋은 대학이나 남들이 선망하는 직업을 가질 수 있다는 먼 미래의 이야기에는 쉽게 동기가 높아지지 않지요. 인내력이 높은 부모들에게 가장 이해되지 않는 부분이기도 합니다. 꾸준히 노력하면 획득할 수 있는 커다란 보상에 관심을 보이지 않고, 현재의 수준에 만족하는 아이의 태도가 부모는 불만족스러울 수 있습니다.

하지만 인내력이 낮은 아이는 사회적 성공이나 명예보다 편안함과 안락함, 여유로움을 더욱 중요한 가치로 여깁니다. 인내력이 높은 부모는 지금 상태에 맞추어 기대치를 낮추는 아이를 이해하기 어렵습니다. 그러나 사람마다 소중한 가치가 다를 수 있음을 인정하고, 아이를 존중할 때 부모는 아이와 소통을 시작할 수 있습니다. 인내력이 낮은 아이는 순간순간 변화하는 상황에 크게 스트레스받지 않으며 순발력 있게 잘 적응합니다. 그리고 할 수 있다는 확신이 들면 최선을 다해 노력하기도 하지요. 따라서 아이에게 맞는 목표를 제시하고, 목표를 달성했을 때의 뿌듯함을 아이가 느낄 수 있도록 지지해주세요. 그러면 점점 자신의 기질을 조절하고 주어진 일을 끝까지 해내는 빈도가 늘어날 것입니다.

기질을 조절하는 능력은 훈련을 통해 커나갑니다

같은 상황에 놓이더라도 기질에 따라 아이는 다른 감정을 느낍니다. 자극추구 기질이 낮은 아이는 낯선 상황이 두려운 것은 아니지만, 새로운 환경에 적응하는 일이 귀찮게 느껴집니다. 위험회피 기질이 높은 아이는 예측할 수 없는 상황에서 불안감과 긴장감이 올라와 불편해지지요. 이처럼 기질에 따라 피하려는 상황은 비슷하더라도 행동하는 동기는 조금씩 다릅니다. 아이의 행동에 숨겨진 마음이 이해되면 우리는 이전과 다르게 반응할 수 있습니다. 적절한 부모의 반응은 아이의 기질 조절력을 돕습니다.

또한 아이들 모두 학년이 바뀌고 새로운 경험을 해나가며 자신의 기질을 조절하는 훈련의 시간을 경험하게 됩니다. 이 시간은 아이들에게 실패와 좌절을 안겨주지요. 시련의 시간은 아이가 자신의 기질을 조절하는 훈련을 해나가는 데 필수입니다. 그리고 이때 부모는 아이가 훈련의 장에서 도망치지 않도록 응원하고 지지하며 버텨주어야 합니다. 아이는 부모를 베이스캠프 삼아 실패의 상처를 회복하고, 새로운 도전을 통해 기질의 회로를 변경해나갈 것입니다. 부모가 성장 과정에서 그렇게 해냈듯이 말이지요. 지금부터 기질의 조절력을 키워나가는 초등 시기의 아이에게 어떤 부모가 필요할지 함께 알아볼까요?

기질은 감각기관으로 들어오는 셀 수 없이 많은 자극을 의식의 도움 없이 알아서 분류하여, 우리가 외부의 자극을 효율적으로 처리하게 도와줍니다. 운전에 능숙한 사람이 빨간불을 보면 의식도 하기 전에 브레이크를 먼저 밟듯이 기질은 자극을 자동으로 해석하여 꼬리표를 붙여주지요. 그리고 기질에 의해 붙여진 꼬리표대로 정서와 행동에 변화가 일어나는데요. 기질은 뇌 속에서 순식간에 작동하기 때문에 우리가 기질의 활약을 관찰하는 것은 불가능합니다. 그렇다 보니 기질을 의식적으로 조절하기도 어렵지요.

문제는 기질이 우리가 자동으로 행동하도록 만들어 새로운 시도와 경험을 제한하는 것입니다. 인내력이 낮은 아이는 어렵겠다 싶으면 쉽게 체념하며, 문제의 지문이 길어지면 꼼꼼히 읽어보기도 전에 '이 정도면 충분해'라는 생각으로 노력을 멈춥니다. 시도도 해보기 전에 문제 풀기를 포기한다면 이 아이는 결국 이러한 유형의 문제를 해결하는 경험을 쌓지 못하게 되지요. 학습 능력도 늘지 않고, 학습 내용을 이해하지도 못하니 결국 공부와 점점 멀어질 것입니다. 다시 말해, 기질이 아이가 성장하지 못하도록 막는 굴레가 되는 것입니다. 반복적으로 기질에 도전하는 순간이 있어야 아이는 자신의 기질을 조절하고 다루는 방법을 익힐 수 있습니다.

위험회피 기질이 높은 아이는 새로운 장소에 적응하거나 낯선 사람과 친해지는 데 많은 시간이 필요합니다. 하지만 어린이집, 유치원, 초등학교를 거치며 새로운 환경에 적응하는 속도가 빨라질 수 있습니다. 학년이 올라갈 때마다 새로운 선생님과 친구들에게 적응하기까지 다른 아이들보다 더 노력해야 하겠지만, 지난해와 비교해보면 조금씩 나아지는 모습을 보입니다. 새로운 환경에 적응한 경험이 기질을 조절하고 다루는 방법을 길러주었기 때문이지요. 기질은 분명 안정적이지만, 기질을 조절해본 경험을 통해 누구나 기질 조절력을 키워나갈 수 있습니다.

초등 시절 동안 아이의 뇌, 특히 사고력과 조절력을 담당하는 대뇌피질의 발달이 이루어지며 아이는 자신의 정서와 행동을 관찰할 수 있게 되고, 이러한 능력은 아이 스스로 기질을 조절하는 자원이 됩니다. 또한 외부에서 부모는 기질이 만들어낸 꼬리표를 아이가 재해석할 수 있도록 도와주고, 아이가 보지 못한 자신의 숨겨진 강점을 발견하도록 지지해줄 수 있습니다. "난 힘든 건 하기 싫어"라고 말하는 아이에게 "넌 힘든 걸 싫어하지만 그래도 최선을 다하는 사람이야"라고 말해주거나 "실수하기 싫어서 시작하지 않을 거야"라고 말하는 아이에게 "실수를 싫어해야 우리가 발전할 수 있어. 너의 그런 모습이 마음이 들어"라고 이야기할 때 아이는 자신의 강점을 알게 되지요. 그리고 기질이 자동으로 붙인 꼬리표를 새로운 경험 속에서 변화시킬 수 있습니다. 연금술처럼 말이에요.

기질의 자동주행을 막는 것은 딸꾹질을 참는 것만큼 어렵습니다. 그렇다 보니 부모들은 아이의 못마땅한 기질 특성을 '고칠 수 없는 약점' '부모를 괴롭게 하는 아이의 한 부분'으로 여기지요. 예를 들어, "엄마는 나한테 학원 보내주는 거 말고 해주는 게 뭐가 있어?"라거나 "아빠가 그렇게 말하니까 짜증 나서 숙제 안 할 거야!"라고 거침없이 말하는 아이를 보며 아이의 숨겨진 강점을 찾기란 쉽지 않습니다. 하지만 아이가 기질을 드러내어 경험하고, 새로운 시도를 통해 자신을 발전시킬 공간을 마련해주어야 아이도 변화의 기회를 얻게 됩니다. 힘든 일이지만 아이가 기질에 휘둘릴 때 우리는 기질 조절이 몹시 어렵다는 사실을 떠올리고, 고군분투하는 아이를 연민의 눈으로 바라봐야 합니다. 사회적 민감성이 낮은 아이 말의 밑면에는 '나는 힘이 없어요'라는 절망감이 깔려 있습니다. 독립적이고 자유롭고 싶은 욕구가 가득한데, 아직 어려 자기 멋대로 행동할 수 없다 보니 자존심이 쉽게 상하는 것이지요. 우리는 아이의 숨겨진 마음을 볼 수 있어야 합니다.

실수를 이해하고 다시 노력해보도록 기회를 주는 환경에서 아이는 변화에 충분히 도전할 수 있습니다. 기질의 조절력을 키우려면 아이는 힘든 순간을 자주 경험해야 합니다. 이 말은 부모도 아이의 힘든 순간을 잘 버텨내야 한다는 뜻이지요. 그래서 부모는 기질에 의해 발생하는 여러 문제에 의연해질 필요가 있습니다. 아이의 문제가 지속될까 걱정하거나 문제가 심해질까 불안해하지 말고, 아이가 이겨나가는 과정을 꿋꿋하게 지켜봐주어야 합니다. 우리도 지금 떠올리면 '이불킥'을 하게 될 어린 시절의 실수들이 우리를 단련하고 완성했습니다. 기질 조절을 위해 필요한 훈련의 기간은 부모가 아니라 아이가 결정합니다. 아이가 필요로 하는 만큼 허락해주세요. 아이가 자신의 머릿속에 자동으로 움직이는 기질의 메커니즘을 발견하고, 기질을 조절하기 위해 새로운 시도와 경험에 도전해보도록 돕는 것은 아이의 건강한 성장을 위한 필수 조건입니다.

02

기질에 휘둘리는 아이, 기질을 조절하는 아이

서영이 어머니는 서영이가 '낄끼빠빠³'가 안 되는 아이라고 소개했습니다. 놀이터에서 친구들의 싸움을 말리다 오히려 주동자로 몰리기도 하고, 미술 시간에 친구를 도와주다 막상 자기 그림은 완성하지 못해 선생님께 지적을 받았다고 합니다. 어머니가 이런 이야기를 줄줄이 늘어놓으니 서영이가 공부 습관은 잘 잡아가고 있는지 걱정되었습니다. 초등 3학년이면 슬슬 교과가 시작되며 학습 습관도 중요해질 텐데 싶어서 말이지요. 그런데 어머니께서 뿌듯한 목소리로 그건 걱정이 없다는 겁니다. '이 불가능한 일을! 내가 이루어냈습니다!' 하는 표정으로요.

물론 공부 습관을 들이는 초반에는 우여곡절이 많았다고 합니다. 자리에 앉으라고 소리치다 계획해 놓은 공부 시간을 다 흘려보내기도 하고, 의자에 앉긴 해도 막상 공부는 하지 않으려 해서 달래고 윽박지르고를 반복하며 진땀을 뺀 날이 허다했고요. 스스로 할 일을 챙기라고 화이트보드에 해야 할 일을 적어두고, 매일 같은 시간에 공부하든 하지 않든 앉혀놓기도 해보고 정말 갖은 방법을 다 써봤다고 합니다.

서영이가 매일 영어 학원 숙제 끝내기와 수학 문제집 4페이지 풀기, 하루 독서 40분을 자신의 일과로 받아들이기까지 1년이 걸렸다고 합니다. 어머니의 이야기를 들으며 가장 인상 깊었던 부분은 그 어느 날도 '공부하게 하는 일'을 빠뜨리지 않았다는 이야기였습니다. 서영이가 짜증을 내거나 화를 내도 흔들리지 않고, 서영이 스스로 기질 조절에 성공할 기회를 준 것이지요. 분명 습관을 키우기 시작한 초반에 서영이는 신경질이 나고 답답했겠지만, 기질을 이겨내고 자신의 역할을 해냈을 때 뿌듯함과 후련함을 느꼈을 거예요. 열심히 노력하는 과정이 반갑지는 않더라도 공부를 마친 후 이 시간을 버텨낸 자기 자신이 괜찮은 사람처럼 느껴져 기뻤을 것입니다.

이처럼 자신에 대한 긍정적인 인식이 생기면 아이는 학습 습관과 무언가를 이루려는 생각, 근면함의 가치가 마음에 내재화되고, 기질 조절력도 높아집니다. 이것은 아이가 자라나며 자신의 다양한 생각과 감정을 동시에 관찰하는 마음의 힘이 강해지기 때문인데요. 아직 기질을 조절하기 어려워하는 아이의 마음을 키우기 위해 부모는 무엇을 해야 할까요?

기질의 컨트롤러, 마음을 소개합니다

생각이나 감정, 의지와 같은 내면의 상태를 '마음'이라고 부릅니다. 신나는 감정이 들면 '신나는 마음'이라고 표현하고, 해내고 싶다는 의욕이 생기면 '이루고픈 마음'이 든다고 표현하지요. 지금 어떤 마음이냐고 물어보기도 하고, '내 마음은 어떻다'고 설명하기도 합니다. 즉, 마음은 그 순간 우리의 내면에 담긴 것에 의해 만들어진 상태를 의미합니다. 마음은 항아리 같아서 거기에 무엇을 담느냐에 따라 상태가 달라집니다. 꿀을 담으면 꿀 항아리가 되고 간장을 담으면 간장 항아리가 되는 것처럼, 마음 항아리도 자신감을 담으면 자신감이 가득한 항아리가 되고, 걱정을 담으면 걱정이 가득한 항아리가 됩니다. 마음은 순간순간 변하기 때문에 우리는 자기 자신을 이해하기 어렵다 느끼기도 하고, 아이의 마음을 알 수 없다고 생각하기도 합니다.

하지만 마음이 우리의 내면 상태를 나타내는 역할만 하는 것은 아닙니다. 마음의 상태를 관찰하거나 표현하는 것도 마음의 일입니다. 마음은 몸의 상태나 느껴지는 기분, 생각을 알아차리고 적절하게 표현합니다. 마음이 있어서 우리는 푹 자고 일어나 상쾌한 기분이 들 때 '기분이 좋다'고 표현하거나, 바쁜 하루를 보내고 잠시 자리에 앉았을 때 '노곤하다'라는 상태를 알아차릴 수 있습니다. 화가 나고 속상한 감정도 마음이고, 그러한 마음 상태를 잘 관찰하고 이름을 붙여주는 것도 마음이지요.

그런데 이렇게 마음을 살피고 알아차리는 것 외에 마음이 하는 또 하나의 역할이 있습니다. 바로 마음을 다독이고 조절하는 것입니다. 마음에 가득한 감정이나 생각을 그대로 참을지, 표현할지, 지켜볼지 결정하는 것도 마음이 하는 일입니다. 즉, 마음은 우리 자신이자 우리의 관찰자이자 조력자입니다.

마음의 발달은 영아기부터 시작됩니다. 생후 9개월의 아기는 기어다니며 환경을 탐색할 때 낯설거나 위험하다고 여겨지면 자신을 돌보는 양육자의 눈길을 살핍니다. 부모의 눈길이 찌푸려지면 행동을 멈추고, 응원하는 눈빛이면 하던 행동을 지속하지요. 부모의 마음 상태를 알아차려 자신의 행동을 조절하는 것입니다. 이처럼 마음은 아주 어린 시기부터 발달하며 사회적 관계 속에서 마음의 조절력이 형성됩니다. 그러다 약 8세 정도가 되면 마음을 읽어주고 조절하도록 이끌어주는 주변의 도움을 통해 현재 진행 중인 의식의 흐름을 관찰할 수 있을 만큼 마음이 성장합니다.

초등 입학 전후에는 주의력과 집중력이 자라나면서 자신의 마음을 이해하고 조절하는 힘도 급격히 발달합니다. 선생님의 지시에 따라 급식실 앞에서 줄을 서거나, 수업 시간에 옆 짝꿍과 이야기를 나누고 싶어도 참거나, 과제에 집중하기 위해 노력해야 한다는 것을 받아들이면서 목적에 맞게 행동하는 자신을 경험하지요. 이렇게 자신을 조절한 작은 성공의 경험들은 대뇌에 기록되어 흔적을 남기고, 성공 경험이 반복되면 기질을 조절하는 신경회로도 점차 강화됩니다.

만약 초등 저학년이라면 이때는 기질을 조절할 수 있는 마음의 힘이 세지도록 주변 어른들이 마음을 조절하는 좋은 방법을 알려주어야 합니다. 학교에서 규칙을 지키는 것은 친구들과 나를 보호하기 위한 것이라거나 선생님의 말씀처럼 자기 할 일에 집중하는 연습도 중요하다고 설명하며, 비슷한 상황에서 어떻게 행동할지 생각해보도록 도와주어야 합니다.

하지만 초등 중학년 정도가 되면 기질에 대한 조절력이 상당히 발전해 있습니다. 이땐 아이가 기질 조절 방법을 스스로 생각해낼 수 있습니다. 사회적 민감성이 낮은 아이가 모둠 시간에 친구들이 자신의 의견에 따라주지 않는다고 소리지르고 화를 냈다면, "친구들과 의견이 다를 때 너의 마음을 잘 전달하려면 어떤 말투를 사용해야 할까?"와 같은 질문으로 새로운 방법을 생각해보게 도울 수 있습니다. 혹은 "친구들의 의견에 따르는 건 어떤 좋은 점과 어떤 나쁜 점이 있을까?"와 같은 질문을 통해 아이가 자신의 기질에 반하는 행동을 할 때의 이점을 떠올려보게 할 수도 있지요.

초등 고학년부터는 부모가 아이의 입장을 헤아리고 이해하려는 모습을 보여주어야 합니다. 사춘기가 지나면 아이는 자신의 실수와 부족한 점을 부모에게 들키고 싶지 않습니다. 이 시기에 아이는 어린이가 아니라 청소년으로 부모에게 존중받길 원합니다. 아이가 자신의 기질대로 행동하여 문제가 발생할 때 조언이나 충고를 건네기보다는 "너도 그렇게 한 이유가 있을 거야. 편할 때 이야기 해줘"라거나 "이런 결정이 너에게 어떤 점에서 이로울까?"라는 말로 이야기를 시작해보세요. 부모가 자기편이라고 믿을 때 아이는 자신의 속마음을 더욱 잘 표현합니다.

아이는 어른들과 경험한 의사소통 방식을 내면화합니다. 즉, 아이는 부모가 자신을 대했던 방식으로 자기 자신을 다루지요. 다정하게 기다려준 부모, 단호하게 지지해준 부모, 공감하며 격려해준 부모를 만난 아이는 이런 방식으로 자기 자신과 소통하며 스스로 조절해나갑니다. 실망의 눈빛으로 바라본 부모, 답답해하며 화를 낸 부모, 아이의 감정을 무시하고 부모의 지시만을 따르라고 윽박지른 부모에게 자란 아이는 자신을 조절하기 위해 자신에게 화를 내고, 윽박지르며 비난합니다. 아이가 기질을 조절하는 데에는 성공 경험이 필요합니다. 그리고 성공을 위해선 응원이 필요합니다. 어떤 상황에서도 응원하고 지지하며 포용하고 기대해주는 누군가가 있다고 상상해보세요. 정말 힘이 불끈 솟지요? 아이의 내면을 꽉 채워주는 부모가 되세요. 기질 조절은 바로 '할 수 있다'는 부모의 믿음에서 시작됩니다.

기질 조절에 실패하는 아이, 마음을 키워주세요

초등 4학년이 되며 핸드폰이 생긴 지성이는 한순간도 핸드폰과 떨어지지 않습니다. 지성이가 숙제하던 중 메시지의 도착을 알리는 알람

소리가 들립니다. 핸드폰에 가까이 가기 위해 지성이의 팔과 다리의 근육이 긴장하면서 몸을 움직일 준비를 하기 시작합니다. 자극추구 기질이 강한 지성이는 알람이 울리자마자 온몸이 자동으로 움직입니다. 이때 핸드폰 벨소리와 지성이 몸의 움직임 사이에 마음이 개입할 틈이 없습니다. 핸드폰을 옆에 두고 공부하면 방해가 된다는 걸 알아도 지성이는 공부할 동안 핸드폰을 꺼두거나 거실에 놓아둘 생각이 없습니다. 그렇게 해도 핸드폰에 연락이 왔는지 궁금해서 자꾸 핸드폰 화면을 켜보거나 거실로 나옵니다.

반면 아영이는 며칠 전 방에서 공부하다 말고 친구와 전화 통화를 하다 부모님께 들켜 크게 혼이 났습니다. 처음 있는 일이라 억울하고 창피한 마음이 들어 다시는 공부 시간에 핸드폰을 사용하지 않기로 마음먹었지요. 다시 한번 공부하다 핸드폰을 사용하면 일주일 동안 핸드폰을 압수한다는 부모님의 말도 아영이 마음을 불편하게 합니다. 그래서 아영이는 아예 핸드폰을 거실에 두고 공부하기로 했습니다. 벨소리가 들리면 어떤 내용의 메시지인지 궁금해지니 아예 무음 상태로 바꿔두었지요. 가끔 핸드폰에 전화나 메시지가 들어온 건 아닌지 궁금하지만, 하던 일을 마치고 확인하려고 부지런히 공부합니다.

같은 상황이지만 어떤 기질 시스템을 갖고 태어났느냐에 따라 아이는 다른 행동과 정서 반응을 보입니다. 위험회피 기질이 높아 빠르게 행동이 억제되는 아이는 창피했던 경험을 피하려는 마음이 강해 자신의 행동 조절에 성공하기 쉽습니다. 그로 인해 처벌을 피하거나 칭찬을 받게 되며, 이러한 결과는 행동 조절을 더욱 강화하지요. 하지만 자극추구 기질이 높은 아이에게 이런 상황은 어려운 도전입니다. 반사적으로 움직이니 결국 자기조절은 실패로 끝날 가능성이 큽니다. 결과적으로 부모에게 꾸중을 듣거나 처벌을 받을 확률도 높아지겠지요.

특정 상황에 성공적으로 행동하도록 돕는 기질이 있는가 하면, 어떤 기질은 늘 실패하게 합니다. 그러나 기질 조절이 어려운 상황에서 자신의 마음을 관찰하고 조절할 수 있다면 기질을 수월하게 다룰 수 있습니다. 기질을 조절할 수 있다는 자신감이나 스스로 조절해낸 기억이 마음에 가득할수록 기질에 의해 올라오는 감정이나 생각을 조절하기가 쉬워지지요. 그러므로 기질을 스스로 조절할 기회가 없는 아이는 외부의 도움을 통해서라도 성공 경험을 쌓아가야 합니다. 기질을 조절해냈을 때의 감정, 생각, 그리고 성공해낸 절차의 기억은 마음에 남아 다음번 행동에 포석이 되기 때문입니다. 그렇다면 마음을 키워 기질 조절을 도울 방법으로는 무엇이 있을까요?

첫 번째는 아이가 기질에 의해 발생한 부정적인 감정에 빠져있을 때 생각의 회로를 움직일 수 있는 질문을 던져 마음을 폭넓게 사용하도록 도와주는 것입니다. 예를 들어, 인내력이 낮은 아이는 '역시 난 안 돼. 숙제가 나한텐 너무 어려워. 절대로 이 숙제를 해낼 수 없을 거야. 그냥 이 정도로도 충분해'와 같은 생각을 반복적으로 떠올리는 동안 발생하는 무력감을 떨치기 어렵습니다. 하지만 포기하고 싶은 마음을 이겨낸 경험이 분명히 있었을 거예요. 아이가 "이 문제 못 풀겠어. 너무 어려워"라고 이야기할 때 "맨날 어렵다고 포기하면 어떡해" "이것도 못 풀면 나중에 더 어려운 문제는 어떻게 하려고?"라고 이야기하는 대신 "문제가 너무 어려워서 못 풀겠다는 거지? 이 문제를 풀려면 뭘 알아야 할까?"라거나 "전에는 어려운 문제를 만나면 어떻게 해결했어?"하고 되물어줄 수 있습니다. 해낼 수 없다는 느낌에 빠진 아이에게 다시 생각해볼 수 있도록 질문을 던져주는 것이지요. 마음은 감정, 생각, 의지, 기억과 같이 다양하게 구성되어 있습니다. 아이가 자신의 마음을 확장할 수 있도록 도와주세요.

두 번째는 자신의 마음을 다스리는 방법을 안내해주는 것입니다. 인내력이 낮은 아이는 과제를 할 때 '굳이 이것까지 해야 할까? 이 정도도 충분한 거 같은데?'라는 생각이 자동으로 올라옵니다. 이런 생각이 가득한데 더 열심히 하라는 이야기를 들으면 순간적으로 짜증과 원망이 올라오지요. 부모는 아이에게 좋은 습관을 길러주기 위해 훈육을 하는 것이지만, 인내력이 낮은 아이는 부모가 자신의 요구를 무시하고 부모 마음대로 끌고 가려 한다고 생각합니다. 자신의 자유가 침해된다고 느끼기 때문이지요. 이때에는 아이의 감정에 반응하지 말고 평정심을 유지한 채 아이가 해야 할 과제에 집중하여 대화해야 합니다. "네 숙제인데 왜 엄마한테 짜증이야?" "이 정도 하고 뭘 어렵다고 징징거려?"라는 표현보다는 "이제 3장 남았구나. 지금 시작해도 좋고, 물 한 잔 마시고 와서 해도 돼" "그 문제가 어려우면 다른 숙제 먼저 하고 마지막에 다시 해보자"라는 말로 주의를 환기해줄 수 있습니다.

감정을 통해 마음을 다스리는 방법을 알려줄 수도 있는데요. 아이가 "공부하기 싫어서 짜증 나요"라고 두루뭉술하게 묘사한 감정을 좌절감, 조급함, 괴로움, 실망스러움, 지루함 등의 구체적인 표현으로 밝힐 수 있게 도와주는 것입니다. '짜증 난다'보다 '문제를 못 풀어서 속상하다'라고 이야기한다면 우리는 아이의 절망감에 깊게 공감할 수 있습니다. 그리고 아이의 마음이 공부를 싫어한다기보다는 공부를 잘하고 싶어 했음을 정확히 이해할 수 있습니다.

마지막으로 아이가 상황을 있는 그대로 볼 수 있도록 도와주세요. 어려운 문제를 쉽게 포기하는 아이에게는 "문제가 너무 어렵다고 생각한 이유는 뭐야?" "풀었던 문제 중 어려운 수준이 어느 문제 정도야?"와 같은 질문으로 아이가 자기 생각을 검증해보도록 도울 수 있습니다. '너무 어렵다'라는 모호한 말을 분석해봄으로써 자신의 판단이 적절했는지 생각해보게 하는 것이지요. 공부를 지시할 때도 구체적이고 객관적인 표현을 사용하는 것이 좋습니다. 예를 들어, 공부하라고 지시할 때 "몇 번을 이야기해야 시작할 거니?"가 아니라 "수학 문제집 몇 쪽부터 시작해야 해?" "영어 지문이 좀 어렵던데 이해가 어려우면 엄마가 좀 도와줄까?"처럼 아이가 쉽게 행동으로 옮기거나 대답할 수 있는 질문으로 표현을 바꾸는 것입니다.

물론 우리도 아이를 있는 그대로 보기 위해 노력해야 합니다. 절대로 눈에 거슬리는 행동이 아이의 전부라고 착각하는 오류를 범해서는 안 됩니다. 놀이터에서 노는 친구를 보며 "나도 놀고 싶은데, 맨날 나만 공부하고"라며 투덜거리면서도 공부하기 위해 책상 앞에 앉는 아이는 공부를 싫어하는 아이가 아니라 자신을 조절해내는 아이입니다. 이 아이의 마음에는 '얼른 마치면 나도 편하게 놀 수 있어' 하는 생각이 있지요. 아이의 행동 뒤에 숨겨진 마음을 발견해주세요. 그리고 부모의 이런 노력을 통해 아이는 자신의 기질을 다루는 마음의 힘을 길러 나갑니다.

마음은 감정, 생각, 몸의 반응, 욕구 등 나에게 일어나는 모든 것의 시작과 끝을 바라볼 수 있습니다. 아이가 마음에 대한 관찰이 서투르다면 부모는 아이의 마음이 움직이는 과정을 아이가 의식하고 관찰할 수 있도록 소통함으로써 아이 스스로 내면의 감정과 생각을 통합해내도록 도울 수 있습니다. 또한 이러한 과정이 반복적으로 이루어진다면 아이 뇌의 회로가 기능하는 방식도 변화시킬 수 있습니다. 아이가 자신의 마음을 폭넓게 인식할 수 있도록 도와주세요. 아이가 혼란스러워하고 갈등하는 상황일수록 더욱 이런 노력이 필요합니다.

기질의 재해석, 마음의 조절력을 높입니다

기질은 정해진 시스템대로 외부에서 들어온 자극에 꼬리표를 붙입니다. 그리고 그 꼬리표에 따라 예정된 정서 반응을 일으킵니다. 기질을 조절하는 핵심은 바로 그 '꼬리표'에 있습니다. 예를 들어, 인내력이 낮은 아이는 긴 문장제 문제를 보면 '불가능하다'라고 반사적으로 꼬리표를 붙이고, 이 꼬리표는 '어렵다' '힘들다' '힘이 빠진다'와 같은 정서 반응을 일으킵니다. 이러한 정서는 문제를 이해하려는 노력을 무산시키고, 꾸무럭거리거나 상황을 회피하는 행동을 하게 만듭니다.

이때 외부 자극에 대한 해석을 기존의 방식과 달리하여 꼬리표를 변화시키면, 같은 자극이 들어올 때 새로운 생각의 연결고리가 활성화되며 이에 따라 다른 정서 반응과 행동이 드러날 수 있습니다. 예를 들어, 인내력이 낮은 아이가 부모의 도움을 통해 어쩌다 문장제 문제 하나를 풀어냈다고 가정해보겠습니다. 문제를 푼 공이 아이보다는 부모에게 있지만 그래도 예외적인 상황이 벌어진 거죠. 이때 부모는 아이의 노력과 문제해결 과정, 이전과 달라진 모습을 구체적으로 묘사하며 아이의 시도와 도전을 격려합니다. 이 경험은 아이가 '문장제 문제→불가능하다→어렵다'라는 도식을 '문장제 문제→도전했다→성공했다'라는 도식으로 바꿀 수 있게 도와줍니다. 자극에 대한 꼬리표에 재구성이 이루어진 것이지요. 기질의 변화는 이 작은 방향의 전환에서 시작됩니다. 그러면 아이의 꼬리표는 어떻게 바꿀 수 있을까요?

첫 번째는 아이가 바뀌길 기다리지 말고 환경을 바꿔주는 것입니다. 자극추구 기질이 높은 아이들에게 조절하기 어려운 상황을 조성하고 아이가 환경을 이겨내도록 요구하는 것은 부모의 책임이 큽니다. 고양이에게 생선을 맡기는 격이지요. 우선 아이가 감당할 만한 환경으로 바꿔주어야 합니다. 예를 들어, 책상 옆의 침대에서 울리는 핸드폰 알람을 참는 것보다 핸드폰을 꺼두고 일정 시간을 버티는 것이 자극추구 기질이 높은 아이들에게는 더 나은 상황입니다. 거실의 공용 충전함에 핸드폰을 충전해놓고 공부를 시작하게 하거나, 공부 시간에는 핸드폰을 끄고 식탁 위에 두도록 하는 규칙을 만들 수도 있지요. 그리고 그 규칙을 지킬 수 있도록 관심을 주어야 합니다. 아이에게만 규칙을 지키도록 지시하지 말고 부모의 핸드폰도 같이 식탁에 올려두며 함께 이 상황을 극복하겠다는 의지를 보이거나, 일정한 시간에는 가족 모두 미디어 중지 시간을 갖고 각자 책을 읽는 방식도 좋습니다. 이런 환경의 변화와 조력을 통해 '공부할 때는 핸드폰을 사용하지 않는다'라는 규칙을 실천해낸 아이는 자기 자신에 대해 새로운 시각을 가질 수 있습니다. 자신의 행동 조절력이 전보다 높아졌다고 인식하게 되는 것이지요.

두 번째 방법은 아이의 성공 에피소드를 아이와 주변에 반복적으로 알려 그 사실을 각인하는 것입니다. 마음은 이전의 기억과 새로운 경험을 통합하여 자신에 대한 새로운 기대를 만들고 예측합니다. 부모는 아이의 성공 경험을 위인전의 에피소드처럼 하나의 이야기로 만들어 표현함으로써 아이의 사고 패턴을 변경할 수 있습니다.

아이의 변화를 직접적으로 칭찬하는 것도 효과적이지만, 기회가 된다면 아이의 성공 에피소드를 주변 사람들에게 알리고 그때 부모가 느낀 아이에 대한 자부심이나 만족감을 적극적으로 표현하세요. 아이에 대한 주변의 기대와 인식이 달라지면 아이도 그 안에서 자신에게 새로운 가능성을 기대하고 주변의 바람에 부응하기 위해 노력합니다. 잘못했던 경험을 기억 속에 박제하는 것이 아니라 성공의 결말이 있는 이야기로 완성하는 과정은 아이가 자신에 대한 개념을 재구성하도록 도와줍니다. 이 과정에서 긍정적인 부분들을 자각하고 자신의 전체적인 모습을 통합해낸다면 아이는 자신을 바라보는 초점을 변화시킬 수 있습니다.

세 번째 방법은 아이의 기질이 드러내는 긍정적 측면을 바라보는 것입니다. 기질은 강점과 약점을 가지고 있습니다. 열정적인 아이는 그 열정을 매일 지속할 수 없고, 성실한 아이는 꾸준하기 위해 자신의 에너지를 아껴야 합니다. 초등 아이는 아직 기질 조절력이 미숙하고, 기질의 강점보다는 약점이 더 크게 드러납니다. 그렇더라도 아이가 기질의 약점을 드러낸다면 그 모습에 숨겨진 강점을 발견해주세요. 부모가 아이의 강점을 발견하고 지지해줄 때 아이는 자신을 긍정적으로 받아들입니다. 늘 고민하는 아이의 모습을 떠올려보세요. 제멋대로 행동하는 아이 때문에 고민하나요? 이 아이는 자라서 독립적이고 자발적인 어른이 될 것입니다. 소심하고 매사에 조심스러운 아이 때문에 답답한가요? 이 아이는 자라서 성실하고 신뢰할 수 있는 사람이 될 것입니다. 집중력이 없고 성급한 아이 때문에 걱정인가요? 이 아이는 다양한 것에 관심이 많은 활력 넘치는 어른으로 자라게 될 거예요. 모든 기질에는 장단점이 있습니다. 그리고 우리가 아이의 장단점을 통합해서 바라볼 때 아이의 자존감을 높이고 건강한 성장을 도울 수 있습니다.

한 장으로 마스터하는 기질별 장단점!

눈 씻고 찾아보려 해도 보이지 않는 아이 기질의 장점! 아무리 좋게 봐주려 해도 단점에 묻히는 장점들! 아이의 장점은 되도록 생각만 하지 말고 글로 남겨두세요. 탁상달력에 매일 매일 발견한 아이의 장점을 적어도 좋고, 핸드폰의 메모장에 기록해둬도 좋습니다. 스스로에게 문자메시지를 보내놓아도 좋고요. 중요한 것은 기록을 해야 한다는 점입니다. 다음의 표는 아이 기질의 장단점을 떠올리는 데 아이디어가 될 재료입니다. 아래 단어들을 활용해서 아이의 장점이 드러난 순간을 구체적으로 기록해두세요. 언제, 누구와, 무엇을, 어떻게 했는지 세세하지만 가볍게 기록하며 아이의 장점 일기를 만드세요.

장점 일기 예시

높은 자극추구	축제 같은 삶을 살고 싶어요! 장점: 활동적이다. 탐색적이다. 호기심이 많다. 자유롭다. 열정적이다. 단점: 충동적이다. 규칙을 답답해한다. 차분하게 앉아있기 어렵다.
낮은 자극추구	우직함이 저의 강점이에요! 장점: 깊이 생각하고 규칙에 따라 행동을 조절한다. 집중력이 높다. 단점: 융통성이 없다. 성미가 느리다. 신체활동을 피한다.
높은 위험회피	돌다리도 두드려봐야 안심돼요! 장점: 조심성이 있다. 세심하게 대비한다. 위험한 행동을 하지 않는다. 단점: 미리 염려하고 걱정한다. 수줍음이 많다. 비관적으로 생각한다.
낮은 위험회피	자신감으로 가득 찬 내가 마음에 들어요! 장점: 활력이 넘친다. 낙관적이다. 사교적이다. 새로운 활동을 좋아한다. 단점: 낯선 사람에게 쉽게 접근한다. 위험한 상황에도 거리낌이 없다.
높은 사회적 민감성	늘 칭찬과 격려가 필요해요! 장점: 다른 사람의 감정을 배려한다. 마음이 따뜻하고 동정심이 많다. 단점: 의존적이다. 기분에 휩쓸린다. 정서적으로 예민하다.
낮은 사회적 민감성	독립적으로 나의 의지에 따라 행동하고 싶어요! 장점: 독립적이다. 자신의 의견을 솔직하게 이야기한다. 감정 기복이 적다. 단점: 고집이 세다. 자기중심적으로 생각한다. 타협이 어렵다. 무심하다.
높은 인내력	좌절의 순간 의지가 불타올라요! 장점: 숙제나 하던 일을 끝까지 마무리한다. 끈기가 있다. 성취 지향적이다. 단점: 지나치게 책임감을 느낀다. 과업에 몰입하느라 자기 돌봄이 어렵다.
낮은 인내력	저는 이대로의 저도 마음에 들어요! 장점: 순발력이 뛰어나다. 정서적으로 편안하다. 너그럽다. 융통성이 있다. 단점: 하던 일을 마치기 힘들다. 실패와 좌절에 대한 내성이 약하다.

기질의 조절력을 키우는 학습 솔루션

아이들이 공부를 싫어하는 이유가 무엇일까요? 그 이유는 기질별로 제각각인데요. 자극추구 기질이 높은 아이는 집중하려고 해도 자꾸 다른 생각이 떠올라 공부하기가 어렵습니다. 위험회피 기질이 높은 아이는 실패 상황이 머리에 그려져서 공부를 시작하기 부담스럽습니다. 사회적 민감성이 높은 아이는 혼자서 공부하는 순간이 외로워서 싫습니다. 인내력이 낮은 아이는 무기력감을 떨치기가 힘들어 공부하기가 괴롭습니다.

기질의 약점이 건드려지는 상황은 어른에게도 반갑지 않습니다. 하물며 아이는 어떻겠어요? 아직 기질 조절이 미숙한 상태이니 자신을 극복해야 하는 상황이 더욱 어렵게 느껴지지요. 기질에 따라 아이는 다른 지점에서 힘들어합니다. 만약 부모가 아이의 기질을 이해하고 아이의 어려움에 공감한다면 기질의 취약점을 보완하고 실패를 이겨내도록 격려하기가 수월해지지요. 그러나 아이의 약점이 아이 마음가짐의 문제라고 여기는 부모는 아이를 질책하고 비난합니다. 아이가 못하는 게 아니라 안 한다고 판단하기 때문입니다.

하지만 기질을 아는 부모는 좀 더 너그러운 마음으로 아이의 행동을 바라볼 수 있습니다. 부모의 기대대로 되지 않는 상황에서 실망감이나 분노보다 안타까움을 느끼고, 아이의 실패를 평가하거나 비난하기 전에 먼저 아이의 고충을 공감할 수 있지요. 지금부터는 학습 습관 형성에 어려움을 보이는 기질 특성별 지도 방법을 알아보고자 합니다. 자극추구 기질이 낮거나 인내력이 높은 아이는 부모의 큰 도움 없이도 학습 습관을 잘 형성해나갑니다. 그러므로 여기서는 아이의 기질에 맞추어 지도가 필요한 유형을 중심으로 알아보겠습니다.

솔루션 1.
자극추구 기질이 높은 아이의 학습력 키우기

자극추구 기질이 낮은 아이는 절제력과 조절력이 높고 규칙에 따라 행동하는 것을 선호합니다. 하지만 상황의 변화에 유연하게 대처하기 어려워하거나 새로운 일에 흥미를 보이지 않는 문제가 발생하기도 합니다. 그래도 이 유형의 아이는 행동과 감정에 대한 통제를 기질적으로 잘 해내므로 학습 상황을 잘 견뎌냅니다.

반면에 자극추구 기질이 높은 아이는 축제 같은 삶을 살기를 원합니다. 왁자지껄한 소리와 현란한 주변 분위기, 다채로운 일들과 흥이 가득한 사람들 속에서 비로소 자신의 자리를 찾은 듯 안정감을 느낍니다. 이렇듯 열정적이고 활기찬 아이에게 공부라는 행위는 재미도 없고 무미건조하며 지루한 일입니다. 자극추구 기질이 높은 아이는 의욕은 높다 하더라도 공부를 완수하기 어렵습니다. 공부가 주는 자극이 단조로워 흥미가 떨어지기 때문입니다. 새로운 자극에 호기심이 생기고 생각보다 행동이 앞서는 이 기질의 아이는 다른 유형의 아이보다 공부 상황에서 생각과 행동을 조절하기 어려워합니다. 해야 할 공부 계획을 완수하더라도 이 과정에서 분명 외부의 관심과 돌봄을 많이 요구하기 때문이지요.

아이의 기질에 맞게 다양한 학습지도법을 시도해보세요

자극추구 기질이 높은 아이는 자극에 반사적으로 반응합니다. 공부하라는 부모의 지시에 자동응답기처럼 알겠다고 답해놓고 막상 몸은 움직이지 않는 식이지요. 이런 아이가 게임을 하거나 영상을 보고 있는데 등 뒤에서 공부하라고 여러 번 이야기하는 것은 아이의 기질 특성을 고려하지 않은 지시 방법입니다. 계속해서 새로운 자극을 찾는 아이에게 부모의 지시는 시각과 청각을 모두 매혹하는 미디어기기를 절대 이길 수 없습니다.

자극추구 기질이 높은 아이에게 효과적인 지시를 하고 싶다면 적어도 2가지 이상의 감각을 자극해야 합니다. 예를 들어, 어깨를 손으로 감싸며 공부할 시간이라고 알려주거나, 게임이 재미있냐고 물어보며 아이 마음에 다가선 후에 아이의 눈을 바라보고 "이제 책상으로 가서 앉자"라고 지시해야 합니다. 그리고 지시를 내린 후 "방금 무슨 말을 들었는지 이야기해볼래?"와 같은 질문을 통해 아이가 자신의 입으로 지시를 반복해서 말해보게 하고, "그럼 이제 어떤 행동을 할 거야?"와 같은 질문으로 아이가 이어질 다음 행동에 집중하도록 돕는 것이 좋습니다. 이 기질의 아이와 공부 대화를 할 때는 '혼자 알아서' '스스로' '한 번에 끝까지' '최선을 다해서'라는 식의 잔소리는 참아주세요. 아이가 쉽게 해낼 수 있는 행동이 아닙니다.

맞벌이 부모들은 자극추구 기질이 높은 아이의 공부 습관을 형성하는 데 투자할 시간이 부족해 어려움을 겪습니다. 그렇지만 일정한 시간에 학습하도록 지도해야 하는 습관 형성의 초기에는 부모의 도움이 필요합니다. 제약된 환경이지만 시도할 수 있는 가능한 방법을 반드시 찾아낼 필요가 있습니다. 예를 들어, 아이가 정한 학습 시간이 되면 줌 zoom과 같은 온라인 회의실에서 함께하는 방법을 사용할 수 있습니다. 부모는 일하는 곳에서, 아이는 집에서 각자 자기 할 일을 하지만 서로 함께 있다는 느낌을 충분히 줄 수 있습니다. 화면을 보며 중간중간 아이에게 지시하거나, 아이가 집중하기 어려울 때 부모에게 빠르게 도움을 요청할 수도 있습니다.

핸드폰 사용 조절을 어려워하는 아이의 경우에는 핸드폰 카메라의 타임랩스 기능을 활용하여 자신의 공부를 촬영하는 방법도 효과적입니다. 누군가가 나를 바라보고 있다는 생각에 긴장도 되고, 공부 후 영상을 돌려보는 재미도 있습니다.

자극추구 기질이 높은 아이는 문제가 어렵다 느껴지면 빠르게 다음 문제로 넘어갑니다. 자극을 추구하는 아이들이라 호기심이 많아 다음 문제가 궁금해지기 때문이지요. 혹은 문제가 얼마나 남았는지 궁금해 책장을 반복해서 넘기거나, 띄엄띄엄 문제를 풀기도 합니다. 이럴 경우 아이가 문제 풀이를 마치면 바로 채점하지 말고, 못 푼 문제의 개수를 확인하세요. 여러 개를 모르겠다고 표시해두었으면 두세 개 정도의 문제를 골라 지문을 소리 내서 읽어보고, 무엇이 어려운지, 어디까지 노력을 해봤지만 풀 수 없는지 기록을 남기라고 지시하세요. 부모가 없는 시간에 아이 혼자 공부를 해야 한다면 되도록 어려운 부분은 부모가 시간적 여유가 있는 주말에 풀게 하고, 혼자 공부하는 주중에는 아이가 쉽게 해낼 수 있는 부분으로 계획을 세우세요. 하나의 방법을 고수하면 흥미를 잃게 되는 아이의 특성상 다양한 방법을 시도해보기 바랍니다.

공부 계획은 명확하고 간단하게, 완벽 적응 후 계획을 늘려나가요

자극추구 기질이 높은 아이는 공부한다고 해놓고 몇 분 지나지 않아 연필을 찾으러 나오고, 또 잠시 후 지우개를 찾으러 나오는 식으로 분주하게 굽니다. 문제를 이해하기 어렵다고 해서 옆에서 설명해주면 듣는 척하다 부모의 말이 끝남과 동시에 뜬금없이 학교 친구 이야기나 갖고 싶은 물건 이야기를 하기도 하지요. 공부하러 들어가기 전 "3장 풀어"라는 부모의 지시에 분명히 알겠다고 해놓고, 나중에는 3페이지 풀라고 들었다며 바득바득 우기기도 합니다. 정말 화가 부글부글 끓어오르는 순간의 연속이지요.

이 기질의 아이와 공부 계획을 세울 때는 최대한 명확하고 간단하게, 쉽게 확인할 수 있도록 기록으로 남겨야 합니다. 공부 습관을 처음 들이는 아이들에게도 유용한 방법인데요. 처음에는 공부 계획을 2가지 정도로 시작하는 게 좋습니다. 예를 들어, '수학 문제집 한 장 풀기, 정해진 책 30분 읽기'와 같은 식으로요. 그리고 아이가 계획에 완벽히 적응하면 다음 계획을 하나씩 추가합니다. 계획을 추가할 때는 아이가 그동안 변화한 모습을 칭찬하고 "능력이 레벨업 되었으니 목표도 더 높게 세워보자"라고 격려해주세요.

자극추구 기질이 높은 아이는 해야 할 일을 자세히 적어주어도 그 종이가 있다는 사실을 쉽게 잊습니다. 아이가 "나 이제 뭐 해?"라고 물어보면 책상 앞에 크게 붙인 '오늘의 할 일' 목록을 보고 부모에게 다시 알려달라고 이야기하세요. 이때 "고개만 들면 보이는 곳에 적어줬는데 왜 자꾸 물어보니?" 하는 식으로 핀잔하지 마세요. 자극추구 기질의 아이가 자극이 차단된 환경에서 공부하느라 혼자 시간을 보냈다면 다른 형태의 자극이 필요하므로 부모와 눈을 맞추거나 대화하는 시간이 필요합니다.

아이가 해야 할 일을 교재 제목과 분량을 명시하여 책상 앞에 크게 붙이고, 교재를 어느 정도로 완성해야 하는지는 책 겉 페이지에 매직으로 큼직하게 적어둡니다. 그리고 '개념과 응용 부분의 문제 풀이는 별표 1개 허용' '고난도 문제 풀이 단계는 별표 3개 허용'과 같은 식으로 반드시 지켜야 할 부분을 기록합니다. 모르는 문제가 나오면 소리 내어 2번 읽어보라는 지시를 적어두어도 좋습니다. 초등 저학년의 아이라면 공부를 시작하기 전에 겉표지의 공부 규칙을 소리 내어 읽어보고 공부를 시작하도록 도와주세요. 아이의 기질을 존중하고 아이가 할 수 있는 최선의 수준을 목표로 정해 기다리고 연습하면서 조금씩 공부 그릇이 커지는 시간 속에서 아이가 성장합니다.

아이의 짜증에는 다정하고 짧은 위로로 대응하세요

자극추구 기질의 아이를 둔 부모들은 종종 아이가 화를 잘 낸다, 성질이 급하다, 변덕이 심하다고 이야기를 합니다. 이 모든 말은 아이가 감정을 조절하지 못하여 부모가 아이를 감당하기 힘들다는 의미이지요. 자극추구 기질의 아이는 자신의 욕구 좌절에 민감합니다. 편도체가 빠르게 반응하여 그 순간이 매우 고통스럽게 느껴지고, 분노의 감정도 강렬하게 경험합니다. 또한 쉽게 흥분하고, 순간적으로 오해하여 상황에 맞지 않게 화를 내는 등 감정의 변화가 극적입니다. 이것은 기질의 영향이므로 아이가 감정 표현을 강렬하게 하는 순간 부모가 안전하게 아이를 돌봐주어야 합니다.

이 기질의 아이가 보이는 짜증은 스스로 조절하거나 진정하기 어려운 하위 뇌에서 올라옵니다. 기질이 편도체와 깊은 관련이 있다는 사실을 앞서 설명했는데요. 편도체를 포함한 하위 뇌는 신경회로의 변경이 어렵고, 한번 거세지면 경험과 기억을 처리하는 해마의 기능이 약해지면서 상황에 대한 객관적 판단력이 흐려집니다. 그래서 하위 뇌에서 짜증이 시작되면 부모는 부드러운 목소리와 다정한 손길로 아이를 달래고 진정시키기를 먼저 해야 합니다. 아이의 정서가 조금 나아지면 그때 이 상황에서 어떻게 행동하는 것이 나을지, 어떤 행동은 옳지 않은지 대화를 나누면 됩니다.

아이가 공부하기 싫다고 짜증을 내면 그 마음에 공감해주세요. "그래, 공부하기 정말 짜증 나지. 힘들어. 엄마도 네 나이 때 공부하기 진짜 싫었어" 하고 마음을 알아주세요. 그러면 아이의 기분이 풀리며 혹시나 공부량을 줄여주려나 기대하는 눈으로 부모를 쳐다봅니다. 그러면 다정하게 "지금까지 꾸준히 해왔으니 오늘도 애써보자. 짜증이 나지만 동시에 공부도 할 수 있어. 엄마도 그랬거든. 너는 엄마보다 훨씬 더 잘할 수 있어. 엄마가 오늘은 옆에 앉아서 도와줄까?" 하고 이야기해주세요. 단번에 짜증이 줄어들진 않겠지만 상황을 점차 받아들이고, 지금 자신이 무엇을 해야 하는지 현명하게 판단할 수 있을 것입니다.

협상을 시작하면 결국 파국에 이릅니다

부모가 자극추구 기질의 아이에게 "공부 빨리하면 게임 30분 더하게 해줄게"라고 말할 경우, 부모는 '공부 빨리'에 방점을 두고, 아이는 '게임 30분'에 방점을 둡니다. 게다가 아이는 보상을 당연히 여기게 되어 나중에는 원하는 것을 들어주지 않으면 공부하지 않겠다고 배짱을 부리지요. 자극추구 기질의 아이와 규칙을 정하거나 약속할 때는 아이의 마음이 싱숭생숭해질 만한 빌미를 제공하지 마세요. 협상하기 시작하면 결국 부모가 주도권을 잃게 됩니다. 공부는 부모를 위해서가 아니라 아이를 위한 것이므로 상이나 대가를 얹지 마세요.

상황에 따라 공부 계획은 조정해도 좋지만, 아이가 좋아하는 게임이나 미디어 사용에 대한 규칙은 반드시 지키세요. 공들여 습관을 들여놔도 한두 번의 허용이 쉽게 습관을 무너뜨립니다. 예를 들어, 하루에 게임을 1시간만 하기로 했으면 이 규칙을 반드시 따라야 합니다. 하루 좀 편하게 공부시키고 싶은 마음에 슬쩍 "집중해서 공부하면 게임을 30분 더하게 해줄게"라고 하면, 아이는 '앞으로 게임을 1시간 30분 할 수 있어'라는 의미로 받아들입니다. 규칙과 통제에 얽매이고 싶어하지 않는 아이들이므로 최대한 간단한 규칙을 정하고, 그것은 반드시 고수해나가는 것이 습관 형성에 도움이 됩니다.

자극추구 기질의 장점을 상상해보세요

자극추구 기질이 높은 아이의 장점을 떠올려보세요. 새롭고 낯선 자극에 관심이 많기에 처음 만나는 선생님과 친구들에게 편하게 다가가며 늘 쉽게 적응합니다. 자신의 마음이 빠르게 변한다는 것을 알아서 무언가 불편하거나 속이 상할 때 강하게 감정 표현을 해도 금방 회복하지요. 변화가 잦고 예측도 힘든 상황을 오히려 재미있다고 생각하고, 처음 하는 모든 일에 적극적으로 다가갑니다. 배움에 대한 욕구도 강해서 학교 방과후수업을 이것저것 신청해달라고 하거나, 학원을 옮기기 위해 다른 학원을 정리하자고 하면 모두 다 다니겠다고 욕심을 내기도 합니다. 강렬하게 감정을 느끼고 자유롭게 표현하는 아이는 주변 사람까지 미소짓게 하고 신이 나게 만듭니다. 자극추구 기질을 가진 사람이 한 명도 없는 세상을 상상해보세요. 아마 온통 같은 모양의 건물과 같은 빛깔로 가득한 재미없는 곳이 되었겠지요. 아이가 기질을 조절하도록 도우며 자신의 기질을 소중히 여길 수 있도록 도와주는 것이 바로 부모의 역할입니다.

솔루션 2.
위험회피 기질이 낮은 아이의 학습력 키우기

위험회피 기질이 높은 아이는 오감이 모두 편안하다고 느끼는 순간을 영원히 지속시키고 싶어 합니다. 반면에 위험회피 기질이 낮은 아이는 위험한 상황에 흥미를 느끼고, 불쾌감이 올라와도 단단하게 잘 버티지요. 그래서 위험회피 기질이 높은 아이의 부모는 아이가 새로운 환경에 적응하지 못할까 걱정이고, 위험회피 기질이 낮은 아이의 부모는 아이의 근거 없는 낙관주의에 답답함을 느낍니다.

위험회피 기질은 '적응'과 가장 밀접하여 영아기부터 두드러지게 드러납니다. 낯가림이 심하거나 밤에 깊게 못 자는 아이 중 위험회피 기질이 높은 경우가 많습니다. 부모의 위험회피 기질은 아이의 문제 행동을 판단하는 데 영향을 미치는데요. 예를 들어, 아이가 엉뚱한 행동을 할 때 위험회피 기질이 낮은 부모는 아이를 보고 크게 웃고 넘기지만, 위험회피 기질이 높은 부모는 이 문제를 깊게 고민합니다. 아이의 작은 실수가 미래에 어떤 영향을 미칠지 떠올라 걱정이 늘어나기 때문입니다.

부모와 아이의 기질이 다를 때 서로의 차이를 명확히 아는 것은 문제해결에 분명히 도움이 됩니다. 위험회피 기질이 낮은 아이가 받아쓰기 시험에서 반 전체를 통틀어 혼자 0점을 받거나, 열심히 문제를 풀어놓고 마지막 연산에서 틀리고도 속상해하지 않는 모습이 답답한가요? 위험회피 기질이 낮은 아이는 이 모든 상황을 자연스럽게 잊고 넘어가기 때문에 금방 가벼운 마음이 됩니다. 작은 실수에도 창피함을 오래 느끼고, 당황스러운 상황을 만들지 않으려고 최선을 다해 노력하는 위험회피 기질이 높은 부모에게는 상상도 할 수 없는 일이지요. 이때 아이에게 "넌 창피하지도 않니?"라고 면박을 주면 아이는 어리둥절합니다. 받아쓰기 오답노트는 5번씩 이미 다 썼고, 연산 실수로 틀린 문제는 다시 풀어서 고쳐 놓았는데 부모가 자신에게 화를 내는 이유가 이해되지 않는 것이지요. 부모의 기질과 아이의 기질이 다르니 서로의 마음을 이해하기 어렵습니다. 부끄럽지 않으려면 실수하지 말라는 말은 위험회피 기질이 높은 부모에게는 맞는 말이지만, 그 반대인 기질의 아이에게는 이해하기 어려운 이야기입니다.

실수를 줄이는 방법을 가르쳐주세요

위험회피 기질이 낮은 아이는 실수에 대비하는 방법을 배워야 합니다. 이 유형 아이는 연산 실수가 실수일 뿐 문제를 이해하지 못한 것이 아니므로 자신의 실력이 좋은 편이며 연산 실수 정도는 큰 문제가 아니라고 판단합니다. 이런 생각은 무언가를 배워 나가는 과정에서는 문제가 되지 않지만, 만약 시험 상황이라면 그렇지 않지요. 아이가 완벽하게 수행을 마무리하는 습관을 길러줄 필요가 있습니다.

이때 중요한 점은 아이가 실수하지 않게 하는 것이 아니라 실수를 줄이는 방법을 훈련하는 데 초점을 둬야 한다는 것입니다. 위험회피 기질이 낮은 아이는 자신이 실수한 것 같은 느낌이 들어도 '큰일이야 있겠어?' 하고 쉽게 넘어갑니다. 문제를 푼 후 검산하거나 문제의 조건을 꼼꼼히 챙기는 행동은 거의 하지 않지요. 실수를 줄이고 싶긴 해도 어떻게 해야 실수가 줄어드는지 스스로 알아내기 어렵고, 막상 풀이 과정을 검토하려고 하면 '괜찮지 않을까?'라는 생각이 자동으로 올라와 공부의 마무리를 허술하게 합니다. 이런 아이에게는 실수를 줄이기 위한 장치를 공부 계획에 포함해줘야만 합니다. '알아서 해'가 아니라 '반드시 하라'는 의미로요.

예를 들어, 연산 실수를 자주 하는 아이라면 한 자릿수의 연산까지 풀이식을 쓰도록 지도하세요. 또는 문제 풀이 과정을 자세히 적은 후, 채점 전 마지막에 연산 부분만 다시 검토해보게 하거나, 문제의 중요한 조건들에 밑줄을 긋는 방법을 연습시킬 수 있습니다. 문제를 풀기 전 풀어야 할 분량의 문제들을 살피면서 '아닌' '모두' '답을 2개'와 같은 표현이나 단위처럼 절대 잊어서는 안 되지만 자꾸 놓치는 부분을 눈에 띄게 표시해두는 것입니다. 아이가 이런 방법에 불만을 표현하면 앞으로 이런 실수를 절대 하지 않겠다는 다짐을 받으세요. 그리고 만약 같은 실수를 반복하면 부모가 제시한 방법을 일주일간 수행하기로 약속하면 됩니다. 실수하지 않는다면 잘된 일이고, 실수가 나오면 훈련의 계기로 삼으면 되니 이것도 좋은 일이지요.

오답의 원인을 스스로 검토하도록 시간을 주세요

문제집을 풀며 오답의 원인을 찾아보는 일은 주로 자신이 어떤 문제에 실수하는지 아이 스스로 검토하도록 도와주기 때문에 위험회피 기질이 낮은 아이의 학습에 큰 도움이 됩니다. 자신의 실수를 신중하게 살펴봄으로써 고쳐야 할 문제를 자각하고 개선 의지를 높일 수 있기 때문이지요. 문제를 푸는 데 필요한 기본 개념의 이해가 부족했는지, 문제에서 제시된 조건을 풀이에 적용하는 데 실패했는지, 문제의 지문을 이해하거나 풀이 과정에서 착각하여 실수했는지, 연산 실수로 인한 오답인지 찾아보도록 하세요. 오답의 원인을 매일 검토하다 보면 아이 스스로 실수의 유형을 명확히 알게 됩니다. 모호하게 정의된 '실수'라는 표현은 정확한 해결 방법을 만들어나가는 데 큰 방해 요인입니다. 원인을 분명히 자각한다면 아이 스스로 행동을 고쳐나가는 데 큰 도움이 됩니다.

실수에 책임지는 법을 알려주세요

위험회피 기질이 낮은 아이는 부끄러운 마음을 오래 담아두지 않습니다. 이런 아이의 성향은 회복탄력성에는 긍정적이나 학습의 완성도를 위해서는 각고의 노력이 필요합니다. 특히 문제를 몰라서 틀린 경우에는 상관이 없지만, 실수로 틀린 문제를 가볍게 여긴다면 같은 실수를 반복하게 될 가능성이 커집니다. 아이가 자신의 실수에 적절한 대가를 치러 학습에 책임감을 가질 수 있도록 도와주세요.

예를 들어, 연산 실수를 한 날에는 실수한 개수만큼 문제집을 더 풀게 함으로써 문제를 대충 푼 자신의 실수에 책임지게 하는 방법이 있습니다. 연산 실수를 1개 했다면 연산 문제 10개, 연산 실수를 2개 했다면 연산 문제 20개를 푸는 식으로 말이지요. 혹은 문제 풀이 후에 연산 부분을 다른 색깔의 펜으로 적으며 검토하도록 하는 방법도 있습니다. 시험을 치를 때 문제를 풀고 남은 시간에 풀이를 보며 오류를 찾아내듯, 문제를 다 풀면 다시 검토하여 실수를 스스로 잡아내도록 하는 것이지요.

이처럼 반복해서 문제를 다시 풀어보는 것은 이 유형의 아이들이 가장 싫어하는 공부 방법인데요. 무조건 문제를 다시 풀라고 하면 아이에게 거부감이 크게 일어날 수 있습니다. 부모가 아이에게 벌칙처럼 일방적으로 지시하지 말아야 하며, 아이와 미리 상의한 뒤 실수가 3개 이상 발생한 날부터 한 주 동안은 문장제 문제의 풀이 과정을 2번 반복한다는 식의 규칙을 세우세요. 실수는 개선해야 할 문제이며, 실수를 스스로 방지할 수 있다는 것을 알려주어야 합니다.

위험회피 기질이 낮은 아이의 장점을 떠올려보세요

위험회피 기질이 낮은 아이는 자신감이 있고 활력이 넘치며 매사에 거리낌이 없습니다. 낯선 상황에서도 늘 긍정적이고 낙관적이며, 도전적인 모습을 보이는 등 많은 장점이 있지요. 실수하거나 실패를 한 경우에도 쉽게 툴툴 털고 일어납니다. 위험회피 기질이 낮은 아이의 정서적 강인함은 위기의 순간, 급격히 변화하는 상황에서 빛을 발합니다. 이 유형의 아이 중 어려운 문제에 높은 몰입도를 보이는 아이가 있습니다. 긴장되는 상황에서도 자기 역량을 잘 발휘하는 대범함을 보이기도 하지요. 이처럼 아이의 기질이 분명히 아이를 돕는 순간이 있습니다. 아이의 장단점을 전체적으로 보려고 노력해야 합니다.

솔루션 3.
위험회피 기질이 높은 아이의 학습력 키우기

위험회피 기질이 높은 아이는 밖에서 자신의 본모습을 잘 드러내지 않습니다. 부모 앞에서는 세상에 둘째가라면 서러울 만큼 수다쟁이이면서 오랜만에 할머니가 집에 오시면 방에 쏙 들어가 말 한마디 안 하고 조용히 있거나, 친한 친구들하고는 왁자지껄 떠들면서 새로 다니기 시작한 수학 학원에서는 모깃소리처럼 작은 목소리로 이야기하기도 합니다. 이런 기질적 특성으로 인해 위험회피 기질이 높은 아이를 둔 부모들은 아이의 자존감이 낮은 것은 아닌지, 앞으로도 쉽게 환경에 적응하지 못하는 사람으로 자라는 것은 아닌지 걱정합니다.

위험회피 기질이 높은 아이는 돌다리도 직접 두드려야 안심됩니다. 늘 조심스럽고 세심하게 대비하므로 공부나 친구 관계에서 실수하는 일이 적습니다. 아이의 이러한 모습이 과도하고 불필요하게 보일 수도 있습니다. 그러나 아이에게 "괜찮아, 별일 아니야" "불안해하지 마" "그렇게까지 신경 쓸 것 없어"라고 이야기하지 마세요. 부모의 이런 말은 위험회피 기질이 높은 아이를 더욱 위축되게 만듭니다.

아이의 부정적 감정을 허락하세요

위험회피 기질이 높은 아이는 새로운 학원, 새로운 책, 빠른 진도, 이 모든 것이 거북합니다. 하지만 기질은 의도하여 선택한 행동이 아닙을 기억하세요. 이 유형의 아이는 걱정과 긴장을 내려놓는 방법을 아직 모릅니다. 본인에게 낯선 자극을 피하는 것이 당장 자신을 지킬 수 있는 최선의 방법이지요. 만약 아이가 새로운 경험과 환경에 적응해야 하는 상황이 벌어진다면 이때 느끼는 아이의 부담감과 불안감을 허락하고 귀담아 들어주세요. "새로운 일이니 낯설어서 불편할 수 있어. 전에 피아노 배우기 시작할 때도 처음에는 하기 싫다고 이야기했지만 잘 적응했잖아"라거나 "엄마도 새로운 사람들을 만나면 긴장되더라"라는 식으로 이야기하며 공감해주는 것이 아이를 안심시키는 데 도움이 됩니다.

만약 아이가 적극적이고 자신감 있게 행동하지 못했다 하더라도 자기만의 방식으로 버티고 이겨낸 그 노력을 인정해주세요. "네가 할 수 있는 최선을 다했으니 수고했어"라거나 "이렇게 버틴 것으로도 훌륭해!"라는 말로 아이를 격려해줄 수 있습니다. 그리고 아이가 안전하게 느끼는 공간인 부모의 품과 가정에서 편안하게 휴식을 취할 수 있도록 배려해주세요. 이러한 부모의 완급 조절 속에서 아이는 자신의 기질을 다루는 방법을 훈련해나갑니다.

부정적인 시선의 방향을 돌려주세요

아이가 부정적인 감정을 표현하거나 부정적인 시각으로 상황을 바라본다면, 아이의 시선을 긍정적인 관점으로 돌려주세요. 아이가 문제에 집중하지 않고 자신의 가능성에 초점을 맞추도록, 그리고 이것을 통해 자기 전체를 통합적으로 볼 수 있도록 말입니다. 아이가 공부가 재미없다거나 하기 싫다고 하면 이렇게 이야기해보세요. "공부가 재미는 없지만 그래도 최선을 다하고 있구나." 이런 말로 아이의 마음에 공감하며 안심시켜줄 수 있습니다. 누구나 겪는 어려움이라고 생각하면 자신의 문제가 가볍게 느껴지지요.

혹은 "국어에서 가장 재미있는 단원은 뭐야?"와 같은 질문으로 자신의 긍정적인 부분에 집중하게 해줄 수도 있습니다. "영어 문제집에서 어디까지 수월하게 풀었어?" "가장 어려운 부분에서는 몇 문제를 풀수 있어?"와 같은 질문을 통해 아이가 자신이 노력한 점과 이루어낸 부분을 명확히 알 수 있도록 하여 스스로에 대한 시각을 확장하는 데 도움을 줄 수 있습니다. 이와 같은 부모의 질문은 아이가 자신의 삶을 스스로 통제하고 있다고 느끼게 해주고, 이러한 통제감은 아이가 스트레스를 이겨내며 삶의 만족과 안정감을 느끼도록 도와줍니다.

아이가 자신을 신뢰하고 도전적인 결정을 내리도록 이끌어주세요

어른도 자신의 삶을 스스로 잘 통제한다고 느껴야 삶이 만족스럽고 자신을 긍정적으로 평가합니다. 부모나 아이나 삶에 대한 통제감을 높이려면 스스로 선택하고 주관하는 부분이 있어야 하지요. 위험회피 기질의 아이가 학원에서 새로운 진도를 나간다는 말에 부담감을 느끼면 "요즘 친구들은 다 선행을 한다던데 너도 열심히 해야지"라는 말 대신 "이번에 배운 부분의 완성도가 높던데 이제 다음 진도로 넘어가기에 실력이 충분해 보여. 네 생각은 어때?" "아예 시작도 안 해보고 판단하는 것은 정확하지 않을 수 있으니 2번 정도 수업을 들어본 후 결정하는 건 어때?"라고 이야기해볼 수 있습니다. 혹은 "학원에서 이번에 다음 학기 수업을 시작한다던데 네 생각은 어때? 어렵겠지만 지금까지 해왔던 걸 생각해보면 네가 충분히 할 수도 있을 것 같아"와 같은 말로 대화를 시작하세요.

학습 진도의 결정은 아이가 아니라 부모의 몫입니다. 아이가 자신에게 적합한 속도와 수준을 결정할 수 없어요. 부모가 결정하고 그 책임도 부모가 져야 합니다. 하지만 아이가 '하기 싫다'라고 이야기하면 그 이유를 들어볼 필요가 있습니다. 어렵다거나 힘들어서 하기 싫다고 이야기하면 지금까지 해왔던 아이의 성공 경험을 언급하며, 앞으로 배울 부분이라 계속 미룰 수는 없으니 언제쯤 다시 시작하면 좋을지 생각해보라고 한 후, 조금 시간을 주세요. 혹은 지금까지 잘 해왔으니 한 달 정도 도전해보고 그때 할지 말지를 결정해도 괜찮다고 하는 방법도 좋습니다. 부모의 의사를 분명히 밝히되 아이의 의견도 존중해주세요.

자신의 상태를 인식하고 다루는 방법을 알려주세요

우리는 자신이 어떤 상태인지 신체적인 감각이나 감정 상태를 통해 확인할 수 있습니다. 눈이 따갑거나 어깨가 뭉친 감각을 느끼면 우리는 피곤하다고 느낍니다. 피곤한 상태를 자각하면 휴식을 취하거나 스트레칭을 하는 등의 회복을 위한 시도를 하지요. 중요한 건 자신이 어떤 상태인지 깨닫고 이해해야 스스로 돌볼 수 있다는 것입니다.

위험회피 기질이 높은 아이는 부정적인 감정에 민감하고 불쾌한 감정에 휩싸이면 감정을 떨쳐내기 힘들어합니다. 감정에 빠진 아이를 돕는 가장 쉬운 방법은 감정을 말로 표현하거나 감정에 이름을 붙여보도록 안내하는 것입니다. 감정을 관찰하고 생각해보도록 하여 마음의 기능을 되살리는 겁니다. 아이가 자주 불안해하고 긴장감을 느낀다면 이러한 감정에 '걱정 악마'나 '쫄보탱이'같은 우스꽝스러운 이름을 붙여줄 수 있습니다. 당황하나 긴장되는 순간 '떨면 안 돼' '또 떨리네. 어떻게 하지?'하고 생각하는 것보다 '걱정 악마가 찾아왔군' '쫄보탱이의 습격이 시작되었어!'라고 속으로 외친다면 감정에 압도되는 느낌을 덜 받을 수 있습니다. 이렇게 하면 우리의 뇌가 감정에 빠지지 않고 되려 감정을 조절할 수 있는 여유를 가질 수 있기 때문입니다. 아이가 자신의 감정을 인식하여 다룰 수 있도록 도와주세요.

조언이나 충고는 되도록 참으세요

위험회피 기질이 높은 아이는 늘 스스로 검열하고 평가합니다. 이때 부모가 아이의 기질을 평가하거나 고치려 드는 태도를 보인다면 아이는 더욱 위축되고 자존감이 낮아집니다. 위험회피 기질의 아이에게 평가적인 표현은 금물입니다. 아무리 도움이 되는 충고라도, 아이가 반드시 들어야 할 조언이라도 되도록 줄이세요. 부모가 상상하는 그 이상으로 위험회피 기질의 아이는 스스로 충고하고 비난합니다. 부모가 아이에게 또 하나의 화살을 던질 필요가 없어요. 고군분투하는 아이를 대견한 눈으로 바라보세요. 마음을 정하지 못해 갈팡질팡하며 고민하는 아이에게 "그렇게 꾸물거리다가 언제 다 하려고 해!"라는 말 대신 "충분히 준비되면 시작해도 돼"라고 이야기해주세요. 불안해하는 아이에게 "긴장 풀어"라는 말 대신 다정한 눈빛으로 바라보며 어깨를 살짝 두드려 지지하는 마음을 보여주세요. 아이가 스스로 해결해나가는 과정을 부모가 판단 없이 지켜보는 시간 속에서 위험회피 기질의 아이는 자신감과 자존감을 회복합니다.

솔루션 4.
사회적 민감성이 낮은 아이의 학습력 키우기

사회적 민감성이 높은 아이는 부모나 선생님의 요구에 부응하려는 마음을 본능적으로 갖고 있습니다. 주변 사람들이 자신을 인정하고 기특하게 여겨주길 바라기 때문에 되도록 올바른 행동을 하려고 노력하지요. 자극추구 기질이 낮은 아이는 규칙과 질서를 중요하게 여기고 인내력이 높은 아이는 끝까지 이루어내려는 성취 욕구로 학습을 끝까지 해낸다면, 사회적 민감성이 높은 아이는 규칙과 질서를 지키면서 주변 사람들에게 칭찬을 받기 위해 학습을 해냅니다.

반면에 사회적 민감성이 낮은 아이는 주변 사람들로부터 독립적으로 지내길 바랍니다. 그래서 부모의 가벼운 지시에도 공격적으로 반응하거나, 방어적으로 대답하곤 하는데요. 부모의 눈에는 이러한 아이의 모습이 고집을 피우고 멋대로 행동하는 것처럼 보일 수 있습니다. 게다가 주변 사람들의 감정과 의견에 관심이 적어 자기중심적으로 보이지요. 다른 사람의 마음을 이해하기 어려워하고 자신의 마음을 잘 전달하기도 어렵다 보니, 부모의 지시와 처벌에 제대로 소통하지 못하고 과민하게 반응하기도 합니다. 사회적 민감성이 낮은 기질의 아이는 다른 기질의 아이들에 비해 부모와 논쟁을 벌이는 일도 잦고, 힘을 겨루려고 할 때도 많습니다. 그러다 보니 이 유형의 아이에게 학습 습관을 길러주기가 쉽지 않은데요. 이렇게 부모에게 부정적인 말투와 반항적인 태도로 대항하는 아이들도 결국 부모에게 인정받고 사랑받기를 원하는 '아이'일 뿐입니다. 그렇다면 이 아이들을 어떻게 이끌어나가야 할까요?

문제해결에 초점을 맞추어 대화하세요

아이의 부족한 부분을 들추는 것보다 지금 어떻게 해야 성공에 가까워질지 이야기하는 게 더 효과적입니다. 자존심이 세고, 자신의 의견을 다른 사람에게 존중받길 원하는 사춘기 아이들에게도 이 방법은 크게 도움이 됩니다. 사회적 민감성이 낮은 아이에게는 "또 실수했어?"라는 말보다 "다음에 이런 실수를 줄이려면 어떻게 노력해야 할까?"라는 표현이 덜 위협적으로 느껴지고 반항심을 내려놓게 합니다. "이 정도로는 공부가 좀 부족하지 않니?"와 같이 아이에게 직접 잘못을 이야기하기보다는 "이 부분을 완벽하게 알았다고 확신하려면 뭐가 더 필요해?" 하는 식의 표현으로 아이가 스스로 돌아볼 수 있게 도와주세요.

무엇보다 이 유형의 아이와 공부 대화를 할 때 아이의 힘겨루기에 말려들지 않는 것이 중요합니다. 오늘의 학습량을 완성하도록 돕는 것이 훈육의 목표라면 그 목표에만 집중하세요. 아이가 짜증을 내거나 신경질을 내면 반응하지 말고 다정하되 단호하게 "이제 시작할 시간이야"라고 알려주세요. 아이의 태도나 말투 하나하나를 고치려 하면 결국 관계도 나빠지고 원하는 결과도 얻지 못합니다.

사회적 민감성이 낮아 고집이 세고 자존심이 강한 아이는 부모의 별것 아닌 질문과 조언에도 쉽게 상처받고 기분 상합니다. 스스로 힘이 있는 사람으로 보이고 싶다는 강한 열망이 있기 때문이지요. 괜찮은 사람으로 보이고 싶어 애쓰는데, 부족하다는 이야기를 들으니 얼마나 화가 나고 속이 상하겠어요. 제대로 하지도 못하면서 저렇게 자기주장만 한다고 타박하지 말고, 물 위에 우아하게 떠다니는 백조의 숨겨진 발차기처럼 아무렇지 않은 듯 앉아있는 아이의 마음속에 실패와 실수로 인해 새겨진 좌절감과 무력감이 숨어있을 수 있음을 기억하세요.

시행착오를 통해 배우는 것을 허락해주세요

사회적 민감성이 낮은 아이의 경우, 아이가 자신의 문제를 스스로 돌아보고 해결책을 찾도록 기다려주는 것이 효과적입니다. 남에게 굽히지 않고 자신의 품위를 지키려는 마음이 강한 아이이므로 쉽게 포기하지 않기 때문이지요. 아이의 선택이 실패나 실수로 마무리될까 봐 두려워하지 마세요. 이 유형의 아이는 독립적으로 문제를 해결하는 것에 가치를 둡니다. 무언가를 해냈다 하더라도 누군가의 도움을 받았다면 온전한 자신의 성과가 아니라고 생각합니다. 아이가 자신의 명예를 지킬 수 있도록 아이의 시도와 도전의 중요성을 지지해주세요. 아이의 선택 자체가 아이에게 소중한 경험임을 기억해야 합니다. 결과에 책임을 지도록 기다려주고, 실패든 실수든 경험을 통해 배운 것들을 부모가 함께 소중히 여겨주어야 합니다.

지시보다는 규칙이 효과적입니다

물론 사회적 민감성이 낮은 아이들에게도 부모의 도움이 필요합니다. 아이의 학습 습관 형성을 결심했다면 하교 후 일과를 학교의 시간표처럼 계획하세요. 식사 시간과 숙제 시간, 미디어기기 사용 중지 시간, 취침 시간을 정해 학교 수업 시간처럼 준수하세요. 사회적 민감성이 낮은 아이는 부모의 지시를 따르는 것을 불쾌해하고, "이를 닦아라" "이제 핸드폰 그만해야지"와 같은 당연한 지시에도 '간섭을 받았다'라고 느낍니다. 아이에게 지도하고 싶은 부분 중 굵직한 부분 몇 가지만 골라 규칙을 세우고, 온 가족이 같이 지켜보세요. "6시구나. 다 같이 식사 준비하자" "7시구나. 이제 우리는 집을 정리하고 식사한 것들을 치울 테니 너희는 들어가서 오늘 마쳐야 할 숙제를 시작하자" "8시 30분이네. 다 같이 이 닦고 잘 준비할 시간이야. 오늘 미디어기기 사용 시간도 끝났구나. 다 충전기함에 정리하자"와 같이 모두 함께 지켜야 할 규칙으로 아이를 따르게 한다면 아이의 반감이 다소 줄어들게 됩니다.

물론 규칙을 세워 온 가족이 같이 노력한다 해도 아이의 불만스러운 마음이 완전히 사라지는 것은 아닙니다. 지시를 따르는 것을 불쾌해하는 기질을 가진 아이이므로 아이의 태도에 너무 깊은 의미를 두고 상처받지 마세요. 만약 아이가 불손한 태도를 보이거나 부모에게 예의 없게 행동한다면 적절하게 표현하는 방법을 안내해주는 정도로 이끌어주시면 됩니다. 이제 잘 준비할 시간이라는 부모의 말에 아이가 "아, 짜증 나. 이제 게임 시작했단 말이야"라고 이야기한다면 "8시 30분은 우리 모두 미디어기기를 충전함에 넣는 시간이야. 게임을 그만하는 게 속상할 수는 있겠다. 다음에는 '짜증 나'라고 말하기보다 '속상하다' 정도로 이야기하면 좋겠어"라는 식으로 말이지요. 사회적 민감성이 낮은 아이는 상대방이 거칠게 나올수록 더 강해집니다. 부드럽고 단호한 태도로 대해주세요.

취미 활동은 한 번에 푹 빠질 수 있게 해주세요.

사회적 민감성이 낮은 아이는 자신이 좋아하는 활동을 중지해야 할 때 강한 분노를 느낍니다. 자신이 침해당했다고 느끼기 때문이지요. 게임처럼 흥미로운 활동을 그만해야 할 때는 그 분노가 더욱더 크고 강하게 올라옵니다. 한 번에 오랜 시간이 필요한 취미 활동의 경우 매일 매일 조금씩 하기보다는 주말에 아이가 충분히 했다고 느낄 만큼 즐길 수 있도록 해주세요. 좋아하는 활동을 멈춰야 하는 횟수를 줄이면 부모와 아이가 실랑이하는 횟수도 줄어듭니다. 아이가 제대로 못 놀았다고 매일 억울해하기보다, 오늘은 진짜 신나게 놀았다고 생각할 수 있도록 취미 활동 시간을 계획해주세요.

만약 아이가 게임 시간을 조절하도록 도와주고 싶다면 금요일 오후나 토요일 오전을 기점으로 한 주에 허용할 게임 사용 시간을 열어주는 방법을 사용할 수도 있습니다. 한 주에 허용할 게임 시간을 아이와 같이 정하고, 그 시간이 매주 정해진 요일에 부여되는 규칙을 세우는 것입니다. 아이는 주말 동안 게임을 하며 정해진 시간을 다 사용할 수도 있고, 주중에 친구와 게임을 하기 위해 주말에 게임을 덜 하고 시간을 비축해둘 수 있습니다. 부모가 허용한 범위 안에서 아이가 자신의 시간을 스스로 조절하거나 통제할 수 있도록 도와주세요.

아이가 좋아하는 일을 긍정적으로 봐주세요

사회적 민감성이 낮은 아이와 가까워지고 싶다면 부모 마음에는 들지 않더라도 아이가 좋아하는 일을 흔쾌히 허락하세요. 예를 들어, 아이가 게임에 집중하는 것이 못마땅하더라도 아이에게 게임을 허락할 때 "네가 좋아하는 모습을 보니 엄마도 좋구나" "힘들게 할 일을 해냈으니 이제 네가 좋아하는 게임도 해야지"와 같은 식으로 '즐거운 허락'을 해주는 것입니다. "게임이 뭐가 그렇게 재밌니? 엄만 별로던데" "공부를 게임처럼 좀 해봐라. 너 이따 엄마가 나오라고 하면 바로 나와야 해!"와 같은 식으로 '기분 나쁜 허락'을 하지 말고요. 부모가 아이의 행동을 긍정적으로 바라볼 때 부모와 아이 사이에도 신뢰가 생깁니다.

솔루션 5.
인내력이 낮은 아이의 학습력 키우기

인내력이 높은 아이는 공부든 운동이든 악착같이 해내려고 달려듭니다. 기본적으로 이루고자 하는 의지 자체가 강한 아이이므로 학습에서도 적절하게 방향을 제시하면 잘 따라오지요. 하지만 인내력이 낮은 아이에게는 특별한 지도법이 필요합니다. 인내력이 낮은 기질의 아이가 멍하니 앉아있을 때 "집중해야지" "제대로 공부해" 등과 같은 말은 효과가 없습니다. 이 아이는 끈기가 부족하고 쉽게 포기하므로 어떤 행동을 해야 하는지, 무엇을 해낼 수 있는지 다른 아이들보다 훨씬 구체적으로 알려주어야 합니다. "지금 어디까지 읽었어?" "지금 몇 번째 문제 푸는 중이야?"와 같이 주의를 환기하는 질문으로 집중을 유도해야 합니다.

인내력이 낮은 아이는 조금만 어려워도 머리가 멍해지고 주의력이 떨어지지요. 그러므로 학습에서 할 수 있다는 자신감을 충분히 느끼도록 도와주어야 합니다. 인내력이 높은 기질의 아이들보다 행동을 지속시키기 위한 강화를 빈번하게 제시해야 하지요. 학습 습관을 들이는 초반에는 아이가 스스로 고비를 넘도록 기다리지 말고, 고비를 같이 넘는다는 기분으로 함께해주어야 합니다. 인내력이 낮은 아이라 스스로 공부하는 습관을 길러주는 것이 불가능하다고 생각하나요? 이것만 기억하세요. 이 유형의 아이는 '나도 할 수 있다'라는 확신이 생겨야 의욕을 보입니다. 학습 난이도, 학습 지속 시간에서 아이가 스스로 해낼 수 있는 정도를 찾고, 거기에서 조금씩 발전시킨다는 마음으로 접근하면 분명히 성공할 수 있을 것입니다.

꾸준함이 가장 중요합니다

친구들이 푸는 문제집에 비해 쉽더라도, 선행은 엄두도 못 낸다 해도 인내력이 낮은 아이들에게는 꾸준하게 매일 해나가는 공부 습관이 결국 자신감과 자부심으로 연결됩니다. 이 유형의 아이는 초등 저학년부터 공부 습관을 잡아나가야만 합니다. 아이가 수학 문제를 못 풀겠다고 하면 문제의 번호에 동그라미라도 그리라고 하고, 문제 지문의 밑에 선이라도 그어보라고 하세요. 만약 아이가 동그라미도 그리고 선도 그었다면, 아이의 수준에서 그보다 쉽게 느껴질 문제를 풀어보게 하세요. 그러나 쉬운 문제도 어려워한다면 문제를 풀지 말고 정해진 분량의 지문을 소리 내어 읽어보자고 하세요. 문제의 지문을 소리 내어 잘 읽는다면 그중에 두어 문제 정도만 골라 풀어보자고 해보세요. 아이라는 가득 찬 물잔에 물방울을 조심스럽게 얹는다 생각하며 조금씩 분량을 늘이고 난도를 올리세요. 이처럼 버티는 시간이 인내심이 낮은 아이에게는 성장의 시간입니다.

아이에게 온전히 사랑을 표현하는 시간을 만드세요

인내심이 부족한 아이에게 "인내심을 갖고 열심히 좀 해" "끝까지 진득하게 좀 해봐"라고 하면 아이의 인내심이 길러질까요? 그렇지 않습니다. 인내심을 갖는 데는 에너지가 필요하지요. 인내심이 부족한 아이는 학교, 학원, 집, 어디에서건 칭찬을 들을 일이 적습니다. 매번 쉽게 포기하니 자기 할 일을 완수하는 경우가 드물기 때문이지요. 아이가 빈번한 실패로 위축되어 보인다면 부모와 단둘이 보내는 시간을 일주일에 한두 번, 30분 정도씩이라도 가져보세요. 특별한 활동 시간처럼 생각하지 말고 그저 아이가 사랑스럽다는 마음으로 함께 아이스크림을 사러 가거나, 도서관에 책을 대여하러 가는 등 소소한 일상을 함께 보내는 것입니다.

이 시간 동안 아이에게는 부모가 아이를 기르며 뿌듯했던 순간이나 아이의 모습 중 마음에 드는 점, 아이 덕에 행복했던 일들을 들려주세요. 같이 나와서 걸으니 기분이 좋다거나, 아이가 고른 책 제목이 아빠도 마음에 든다고 이야기하거나, 키가 커서 이제 곧 엄마를 따라잡겠다는 등의 일상 이야기를 나누세요. 좋든 싫든 해야 할 일을 꾸준하게 시도하는 아이의 노력을 응원해줘도 좋고, 작년보다 올해 능숙하게 해내는 일들을 칭찬해도 좋습니다. 지금 줄넘기를 이 정도 하니 다음 달에는 더 잘하겠다는 기대도 이야기하고, 이번 학기에 문제집을 두 권째 마무리해서 대견하다고 이야기해도 좋고요. 부모가 자신을 충분히 사랑하고 자신에게 기대도 한다는 걸 아이 스스로 느낄 수 있도록 말해주세요.

부모와 함께 보내는 시간은 아이의 자존감을 높여줍니다. 자신이 부모에게 사랑을 충분히 받고, 부모도 자신을 믿는다는 확신이 서기 때문입니다. 특히 부모에게 이전보다 특별히 더 사랑을 받았다는 느낌은 부모에게 좀 더 협조하고 싶은 마음을 갖게 하고, 훈육이나 처벌 과정에서 겪는 심리적인 불편감도 잘 극복할 수 있게 도와줍니다. 아이는 사회적 요구와 내적 욕구 사이에서 매 순간 갈등합니다. 이때 일상에서 적립해둔 부모의 사랑은 아이들이 올바른 행동을 선택하는 힘이 되어줍니다.

정답이 80% 이상인 문제집에서 공부를 시작해요

부모들은 학원 숙제, 학교 숙제란 뭉뚱그려진 단어로 아이의 할 일을 지칭하고 지시합니다. 그런데 인내력이 낮은 아이는 '숙제'라는 말에 부담감이 올라올 뿐 무엇부터 시작해야 하는지 갈피를 잡지 못합니다. 그저 답답함에 빠져 사고의 뇌가 제대로 기능하지 못하는 것이지요. 게다가 그 숙제가 조금이라도 어려우면 금세 의욕이 사라집니다. 인내력이 낮은 아이에게는 부족한 부분을 메꾸는 공부가 아니라 자신이 잘하고 있음을 발견하게 하는 공부가 필요합니다. 아이가 매 순간 잘 해낼 수 있는 수준의 문제집에서 시작하세요. 자신이 알고 있는 지식으로 문제를 해결할 수 있어야 아이의 마음에는 자신감과 도전 의식이 생깁니다.

공부하다 어려운 문제가 나왔을 때, 아이에게 너무 오랜 시간 동안 혼자 생각해보라며 부담 주지 마세요. 문제를 소리 내어 읽어보게 하고 이 문제를 어떻게 풀면 좋을지 물어본 후, 아이가 방향을 제대로 잡지 못하는 것 같으면 문제에 접근하는 데 필요한 구체적인 힌트를 주세요. 힌트를 찾기 어려우면 답지의 해설을 한 문장씩 읽어주면 됩니다. 아이가 문제를 잘 모르고 넘어가면 나중에 더 큰 문제가 생기지 않을까 걱정될 수도 있지만, 인내력이 낮은 기질의 아이는 자신이 잘 해낼 수 있다고 확신하는 것이 중요하므로 난도가 높은 문제집이나 선행에 들어가기까지 충분한 시간이 필요합니다. 그동안 비슷한 수준의 문제집을 여러 권 풀며 학습 내용을 다지게 되므로 지금 한 문제를 넘어간다고 해서 큰일이 나진 않습니다. 마음을 편하게 가지세요.

아이의 마음에 먼저 다리를 놓고 그 이후에 지시하세요

인내력이 낮은 아이는 마음에 들지 않은 일을 할 때 쉽게 무기력해집니다. 아이에게 학습을 지시할 때 부모와 아이 사이의 관계가 충분히 좋은 상태임을 일깨우는 '다리 놓기' 단계를 반드시 가지세요. 다리 놓기는 매우 간단합니다. 지시를 내리기 전, 아이에 대한 부모의 사랑을 가볍게 느낄 수 있는 시간을 짧게 갖는 것입니다. 예를 들어, 공부하라고 이야기하기 전에 "지금 읽고 있는 책이 아빠도 재미있어 보이는구나"와 같은 말로 관심을 표현하거나 "재미있어하는 얼굴을 보니 엄마도 기분이 좋아지네"처럼 마음을 나누는 말을 아이에게 전달하는 것입니다. 아이와 감정을 교류했다는 생각이 들면 "아쉽게도 이제 공부할 시간이야" "그만두기 싫겠지만 책 내려놓고 이제 학원 갈 준비하자"라고 지시를 내립니다. 그러면 아이는 부모가 자신을 긍정적으로 바라보고 있다고 믿고, 이 믿음을 토대로 실천을 위한 에너지를 끌어올릴 수 있습니다. 무기력감을 이겨내려면 자신이 괜찮은 사람이라는 자각이 필요합니다. 이처럼 다리 놓기 후에 지시를 내리는 방법은 마음을 쉽게 다잡기 어려워하는 아이들에게 효과적입니다.

• PART 3 •

공부머리를 좌우하는 '지능' 이해하기

01

지능
바로 알기

첫째와 둘째, 달라도 너무 달라요!

승우 어머니는 승우를 키우면서 아이의 공부에 고민해본 적이 없습니다. 승우는 초등학교 입학 때부터 초등 5학년이 될 때까지 별로 힘들이지 않고도 수학 문제집을 꾸준히 풀어왔습니다. 학습량과 난도를 높여도 흔쾌히 잘 따라와 1년 사이에 5~6학년 수학 심화 문제집까지 다 풀어냈습니다. 승우는 승우 어머니가 수학 개념을 설명해주거나, 틀린 문제를 고치라고 이야기하지 않아도 스스로 잘 해냅니다. 문제집을 풀다가 어려운 문제가 나오면 앞부분에 제시된 개념 설명 부분을 다시 읽은 뒤 문제를 풀어보고, 그래도 모르겠으면 어머니에게 가져와 질문합니다. 질문하는 문제들은 대부분 심화 단계로, 수학 경시에 출제된 어려운 문제인데 가볍게 힌트를 주면 어떻게 풀지 알겠다며 다시 방으로 들어갑니다. 끝까지 풀리지 않는 문제는 어머니도 설명해 주기가 어려워 승우와 함께 답안지의 해설을 읽어보며 풀기도 합니다. 그리고 며칠 지나 답안지를 참고해서 푼 문제를 다시 풀어보라고 하면 능숙하게 잘 풀어내지요. 승우 어머니는 승우가 수학 문제를 다 풀면 답을 채점해주는 것 외에는 크게 도움을 주지 않습니다. 그저 얼마나 학습이 완성되었나를 가늠한 후 다음 학기 진도를 나갈지, 난이도를 조절할지 정도만 고민했을 뿐입니다. 1학년부터 수학 문제집을 특별한 노력 없이 풀어낸 승우 덕에 승우 어머니는 대부분의 아이가 승우와 비슷하겠거니 생각했습니다.

하지만 승우 동생인 승민이가 초등학교에 입학하면서 어머니는 크게 당황스러웠습니다. 승우와는 달리 승민이는 문제집을 펴자마자 문제가 어렵다며 알려달라고 떼쓰고, 문제를 풀다 말고 갑자기 친구들과 학교에서 있었던 일을 이야기하거나 선생님이 말씀하신 준비물을 사러 가자는 등 딴소리를 하기 때문이었습니다. 책을 다 읽었다고 하면서 막상 내용을 물어보면 주인공의 이름조차 대답 못 하기도 했지요. 승우와 비교하면 영 집중력이 떨어지는 승민이의 모습에, 승우 어머니는 승민이가 주의력에 문제가 있나 싶어 학부모 상담 시간에 담임선생님께 자세히 여쭤보았습니다. 하지만 선생님은 대부분의 초등 1학년 친구들과 비슷하니 걱정하지 않아도 된다고 이야기했습니다. 주변 엄마들에게도 승민이가 자기 할 일을 제대로 하지 못해 걱정이라고 이야기하면 다들 우리 집 애와 비슷한데 뭘 걱정이냐며 승민이를 두둔합니다. 승우나 승민이 모두 비슷한 환경에서 키워왔는데, 도대체 뭐가 문제인지 승우 어머니는 답답합니다.

지능이란 무엇인가요?

주변에 지능이 높다고 생각되는 사람을 떠올려보세요. 그 사람은 어떤 능력이 있나요? 생각의 속도가 빠른 사람, 동시에 여러 가지를 일을 처리하는 사람, 기억력이 좋은 사람, 빠르게 배우는 사람, 아는 것이 많은 사람 등 다양한 의견이 있을 수 있습니다. 지능은 몸무게나 키처럼 물리적으로 측정할 수 없는 추상적인 개념이라 지능의 의미와 구성요소에 대해 학자들은 다양한 의견을 가지고 있습니다. 학자들의 의견을 모아서 정리해보면 지능이란 '한 개인이 가지고 있는 인지적 능력과 학습 능력'을 의미합니다. 때로는 신뢰도가 높은 검사를 통해 개인이 가진 인지적 능력과 학습 능력을 측정한 점수를 지능이라고 보기도 합니다.

지능은 뇌 기능을 활용하여 학습하는 과정에서 발달합니다. 뇌에서는 감각기관을 통해 시청각적 정보를 지각하고 처리하며, 그 정보를 처리할 때까지 주의를 기울이고 기억하는 통제의 과정이 일어납니다. 예를 들어, 책을 읽을 때 눈으로 글자를 지각하고, 책에 집중하기 위해

지능에 대한 다양한 정의[4]

- 추상적인 사고능력
- 새로운 환경에 적응하는 능력
- 능력을 획득하는 능력
- 지식을 획득하는 능력과 가지고 있는 지식의 양
- 감각, 지각, 기억, 상상, 변별, 판단, 추론과 같은 복잡한 정신 과정을 내포하는 개념

다른 자극을 차단하며, 이전에 배운 내용을 기억으로 떠올려 새로운 정보와 비교해보는 등의 활동이 모두 인지 과정에서 뇌가 해내는 기능이지요. 뇌는 이러한 기초 인지능력과, 상황과 목적에 맞게 인지를 조율하거나 다양한 감각의 협응을 끌어내는 실행 능력을 통해 지능을 발휘합니다. 이러한 뇌의 기능을 활용하여 새로운 지식을 쌓고 읽기, 쓰기, 산수 등의 학습 기술을 익혀나가는 경험은 지적 능력의 발전에 매우 중요합니다. 뇌 기능의 발달과 학습 경험을 통한 숙달은 서로 상호 보완하며 지적 능력을 높입니다.

학습력에서 지능은 중요한 변수입니다. 지능의 발달이 빠른 아이는 그렇지 않은 아이에 비해 학업을 편안하게 받아들이고, 노력 대비 높은 성과를 거둬들이며, 학습력의 자원인 유능감을 손쉽게 획득하지요. 하지만 지능의 영역별 발달이 불균형하거나 뇌 기능의 성숙이 느린 아이는 초등 저학년 시기에 학습을 어렵게 느끼고 낮은 동기를 보입니

다. 시간이 지나면 모두 학업에서 성취를 이루지만, 그 과정과 방법에서는 분명히 차이가 있지요. 승민이는 형보다 실행 능력의 발달이 느린 편이지만, 학습 지식이나 기술은 다른 친구들보다 우수한 편이었습니다. 학년이 올라가면서 점차 뇌 기능이 발달하면 형처럼 스스로 조절하며 학습에 집중할 수 있는 잠재력을 가지고 있었지요. 물론 승우에게 충분한 훈련의 시간과 해낼 수 있다는 부모님의 믿음이 필요하겠지만요.

뇌는 사용하는 대로 변화하는 '가소성[5]'을 가지고 있고, 꾸준한 노력은 승민이의 지적 능력을 계속해서 끌어올릴 것입니다. 만약 승민이 어머니가 형제를 비교하기보다 승민이의 지능에 어떤 특성이 있는지 객관적으로 평가하고 승민이의 뇌 발달과 학업적 성취를 위해 어떤 환경을 제공할지 분명히 알게 된다면, 승민이가 학업의 어려움을 헤쳐나가는 데 큰 도움이 될 것입니다. 즉, 우리가 지능을 이해하는 목적은 아이의 능력을 평가하기 위함이 아니라 아이의 가능성을 찾기 위함입니다. 지능은 현재 아이가 어떤 영역에서 어떤 속도로 달릴 수 있는지 알려주지만, 아이 미래의 한계점을 알려주지는 않는다는 점을 반드시 기억하세요.

지능 검사란 무엇인가요?

아이의 지능이 또래보다 우수한지, 혹은 뒤떨어지는지 알아보는 방법은 무엇일까요? 아이의 지적 능력을 가늠해볼 수 있는 가장 정확한 방법은 바로 '지능 검사'입니다. 지능 검사는 한 개인이 가지고 있는 인지적 능력과 학습 능력 등의 정신 능력을 정확하고 자세하게 심사할 수 있도록 표준화된 평가도구입니다. 정해진 과제를 제시하고 이것을 얼마나 달성할 수 있는지 확인한 후, 비슷한 나이의 사람들과 비교했을 때 어느 정도 위치인지 알려주는 것이 지능 지수인데요. 학자들의 연구에 따르면 지능은 학업 성적의 50%를 설명할 만큼 학업 성취를 예견하는 중요한 요인입니다.

지능 점수는 아이의 재능과 잠재력을 발견하는 데 도움이 됩니다. 하지만 아이는 아직 발달 과정에 있고, 어린아이들일수록 검사실의 환경이나 그날의 정서 및 신체적 상태가 검사 결과에 큰 영향을 미칩니다. 그리고 지능 검사의 실시 과정과 채점 방법이 표준화되어 있더라도 그 결과가 개인의 능력을 100% 확실히 설명한다고 이야기하기는 어렵습니다. 지능 연구의 대표적인 학자 중 한 사람인 카텔Cattel[6]은 유전의 영향으로 결정되는 지능과 교육의 영향으로 변화되는 지능이 있다고 주장한 반면, 미국 하버드대학교 교육심리학 교수인 가드너Gardner[7]는 인간의 지능은 다차원적으로 이루어져 있으며, 훈련을 통해 변화할 수 있다고 보았습니다. 또, 미국 미시간대학교 심리학과 교수인 니스벳Nisbet[8]은 지능 점수보다 지능이 변화 가능하다는 신념과, 지능의 발달에 미치는 환경의 힘을 더 중요시합니다.

이렇게 지능에 대한 논의가 다양한 만큼 지능 점수가 곧 아이의 모든 능력이라고 단정하는 것은 위험합니다. 지금 지능을 이야기하는 이유는 단 한 가지입니다. 지능 검사의 결과는 아이가 자신의 뇌를 현재 어떻게 사용하고 있는지 알려주는 바로미터이며, 이는 아이의 학습 방향과 우선순위를 결정하는 데 유의미한 정보이기 때문입니다. 검사를 받아보지 않더라도 지능의 측정 영역을 이해하면 아이의 지능 특성을 유추하는 것이 가능합니다. 지금부터 일반적인 지적 능력 평가에 가장 많이 활용되며 특수교육 아동의 판별 및 진단 목적으로 사용되는 '웩슬러 지능 검사'에 대해 자세히 알아보겠습니다.

웩슬러 지능 검사의 5가지 지표

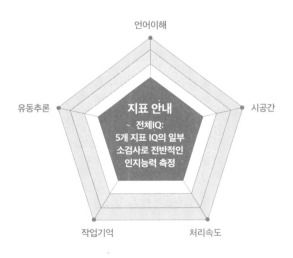

언어이해

시공간

지표 안내
~ 전체IQ:
5개 지표 IQ의 일부
소검사로 전반적인
인지능력 측정

유동추론

작업기억

처리속도

심리학자 웩슬러Wechsler는 지능을 목적에 따라 행동하고, 합리적으로 사고하며, 환경을 효과적으로 다루는 개인의 종합적 능력이라고 정의했습니다[9]. 웩슬러 아동용 지능 검사는 언어이해, 시공간, 유동추론, 작업기억, 처리속도 지표로 나뉩니다.

첫 번째 영역, 언어이해 지표

언어이해 지표는 언어 개념 형성과 추론 능력, 교육과 환경을 통해 획득된 지식수준, 어휘 능력, 상식적 사고능력을 측정합니다. 언어이해 능력이 좋은 아이는 특별히 단어의 뜻을 설명해주지 않아도 상황이나 문맥 속에서 그 의미를 정확히 유추합니다. 상황에 맞게 자기 생각이나 감정을 언어로 표현하는 데 능숙하고, 언어를 배우는 속도가 빠릅니다. 책이나 대화 등 언어적 자극이 풍부한 환경에서 자라거나 기억력이 좋은 아이가 언어이해 능력에서 탁월함을 보입니다. 탄탄한 어휘 지식은 새로운 개념의 이해와 습득에 도움이 되므로 학습력을 키워나가는 데 중요한 요소입니다.

초등 고학년에 배우는 교과 개념들은 어렵고 추상적입니다. 예를 들어, 사회 시간에 배우는 용어들, 가령 '배타적 경제 수역'이나 '삼권분립' 같은 개념은 선생님의 설명이 아무리 자세해도 한 번에 기억하기 어렵습니다. 이럴 때 언어 능력이 좋은 아이는 모르는 단어를 이해하기 위해 의식적으로 노력하거나 여러 번 다시 읽어가며 개념 다지기를 능숙하게 합니다. 반대로 언어이해 능력이 부족한 아이는 교과 내용과 관련한 배경지식을 예습하거나 어휘력을 높임으로써 학습을 수월하게 해나갈 수 있습니다. 개념에 대한 이해력이 떨어져 학습에 지장이 있다면 수학이나 사회, 과학 과목의 주요 개념을 단어장으로 만들어 암기하는 노력도 필요합니다.

언어이해 능력, 이렇게 높일 수 있어요!

언어 능력을 높이기 위해서는 다양한 어휘를 습득해야 합니다. 어휘의 의미를 정확하게 설명하는 것도 좋지만, 어휘의 뜻을 암기하거나 설명하기 어려워하는 아이의 경우 유의어나 반대말을 찾아보는 가벼운 활동도 어휘력을 높이는 데 도움이 됩니다. 검색 포털의 어학 사전이나 지식백과에서 어휘의 의미와 개념을 찾아보거나, 유의어 사전이나 반의어 사전을 활용하는 방법도 좋습니다. 월요일에는 유의어 찾기, 화요일에는 낱말 퀴즈, 수요일에는 주제에 맞는 단어 분류하기 등 매일 매일 한 가지의 작은 미션을 정해 아이와 함께 활동해보세요.

월	화	수	목	금
유의어, 반의어 찾기	속담 퀴즈	고사성어 퀴즈	읽은 책 한 줄 감상문 쓰기	책에서 새롭게 알게 된 지식 소개하기

✔ 생각나는 어휘 하나를 골라 포털 사이트의 유의어 사전이나 반의어 사전을 활용하여 빠르게 유의어나 반의어를 찾는 놀이를 해요. 찾은 단어를 토대로 어휘 지도를 만들어보는 것도 좋습니다.

✔ 끝말잇기나 가로세로 낱말퀴즈로 어휘력을 높여요. 검색창에 '낱말퀴즈'나 '낱말퍼즐'을 검색하면 난이도별로 다양한 콘텐츠를 찾을 수 있습니다. 낱말퀴즈에 능숙해지면 바둑판 공책에 낱말퀴즈를 만들어볼 수도 있어요. 다음 그림처럼 첫 단어를 정해준 후 끝말을 이을 수 있는 새로운 단어를 떠올려 그 단어의 뜻을 사전에서 찾아 적는 순서로 자신만의 낱말퀴즈를 만들 수 있습니다.

ㄱ			
ㄴ	ㄷ		

㉠ 우리나라의 수도 (답: 서울)
㉡ 걸핏하면 우는 아이 (답: 울보)
㉢ 물건을 싸서 들고 다닐 수 있도록 네모지게 만든 작은 천 (답: 보자기)

✓ 여러 낱말을 주제에 맞게 분류하는 놀이를 해요. 예를 들어, 행복하다, 미안하다, 분하다, 만족스럽다, 슬프다, 안타깝다, 억울하다 등 감정에 대한 여러 단어를 나열한 뒤 '기쁨' '슬픔' '화'라는 주제어로 단어 모으고 가르기 놀이를 할 수 있습니다.

기쁨	슬픔	화
행복하다	짜증나다	억울하다

✓ 이외에 속담, 수수께끼, 고사성어 관련 책을 읽거나, 책에 나온 단어로 새로운 문장을 만들어보는 것도 도움이 됩니다. 읽은 책이 이야기책일 때에는 소감을 한 문장으로 만들어보고, 과학이나 사회 영역의 정보가 들어 있는 책을 읽었을 때는 새롭게 알게 된 내용을 부모에게 설명해주는 활동이 언어 능력을 높이는 데 도움이 됩니다. 언어이해 능력은 생각을 표현하는 과정에서 발달합니다. 서투르거나 횡설수설하더라도 기다려주세요. 자신이 한 이야기를 다시 곱씹고 정리하며 언어 능력이 높아집니다. 이때 아이가 경험이나 기억을 구체적으로 이야기할 수 있도록 누가, 언제, 무엇을, 어디에서, 어떻게, 왜, 즉 육하원칙에 따른 질문을 던져주는 것도 좋은 방법입니다.

두 번째 영역, 시공간 지표

　시공간 지표는 시각 자극을 분석하고 추론하거나, 한 부분을 보고 전체를 추론하는 능력을 측정합니다. 시공간 추론 능력이 높은 아이는 물체를 머릿속에서 회전시키거나 이동시키는 정신적 회전 능력이 뛰어난데요. 이 능력이 우수한 아이는 수학 시간에 평면도형의 이동에 대해 배우거나 입체도형의 전개도를 배울 때 큰 어려움 없이 학습해냅니다. 그림으로 그려진 도형을 머릿속에서 입체화하는 것이 자동으로 되기 때문이지요. 시공간 추론 능력은 시각 정보와 규칙을 분석하고 조작하는 능력과 관련되며, 기하나 미분 같은 고급 수학을 배우는 데 있어 매우 중요합니다. 시공간 지표 점수가 낮은 아이는 시각적 자료를 다루는 데 미숙하고, 도형이나 방향 감각이 부족할 수 있습니다.

　간혹 블록 놀이를 좋아하는 아이를 보며 시공간 지표의 점수도 높을 거라고 기대하는 부모들이 있지만, 시공간 지표는 제시된 시각 자료를 정확하게 분석하고 세부 정보를 변별해내는 능력이 핵심입니다. 아이가 설명서대로 블록 만들기를 좋아한다면 시공간 지표의 점수가 높게 나올 가능성이 있습니다. 반면 창의적으로 블록 만들기를 좋아하는 아이의 경우 부모의 예상과 달리 시공간 지표 점수가 낮게 나오기도 합니다.

　시공간 추론 능력이 낮은 초등 저학년 아이는 직접 만질 수 있는 교구를 활용하여 도형을 학습하도록 도와주는 것이 좋습니다. 도형을 이해하기 어려워한다면 여백에 직접 그림을 그리며 충분히 연습하도록 기다리세요. 초등 고학년 아이는 도표나 지도를 통해 학습할 때 중요한 내용을 놓칠 수 있습니다. 시각 자료를 언어로 풀어 꼼꼼하게 학습할 수 있도록 지도해주세요.

시공간 능력, 이렇게 높일 수 있어요!

시공간 능력을 높이기 위해서는 시각 자료를 활용하는 경험이 늘어나야 합니다. 하지만 스스로 그 원리를 깨우치려면 좌충우돌 혼란스럽겠지요. 이때 아이의 강점 지능을 활용하여 부족한 능력을 보완해줄 수 있습니다. 예를 들어, 시공간 능력보다 언어 능력이 좋은 아이라면 시각 자료에 대한 설명이 충분히 제공되는 교재를 선택할 수 있습니다. 혹은 수학에서 연산 등 다른 영역은 잘하지만, 도형 부분만 어려워한다면 수학 학원에 보내기보다 어려운 부분만 동영상 강의를 시청하게 하는 것도 좋습니다. 단원명으로 검색하면 10분 내외로 원리를 설명하고 간단한 예시를 제공하는 동영상을 찾을 수 있습니다. 이때 아이가 학습한 내용을 부모에게 설명해달라고 부탁한 후, 아이의 이야기를 들으며 적극적으로 호응해주는 것도 좋습니다. 아이가 제대로 이해하지 못했다면 서툰 부분을 고쳐주려고 하지 말고, "이 부분이 어려운데 엄마가 이해하기 쉽게 한 번 더 알려줄 수 있어?"라고 요청하세요. 아이가 압박감을 느끼지 않도록 충분히 생각할 시간도 주어야 합니다.

☑️ 시공간 능력이 낮은 아이는 도표나 그림을 유심히 보지 않고 지나치는 경향이 있습니다. 교과서에 삽입된 자료의 경우 직접 따라 그려보고, 놓치는 부분이 있는지 꼼꼼하게 살펴보는 방법도 좋은 공부법입니다. 초등 수학에서 도형과 측정 부분은 시공간 능력을 요구합니다. 이 부분의 학습을 특히 어려워한다면 색종이나 모눈종이를 활용하여 도형을 직접 그려보고, 자와 각도기로 길이와 각의 크기를 재보는 것도 좋습니다.

☑️ 퍼즐이나 큐비츠 같은 보드게임으로 시공간 훈련을 할 수 있습니다. 큐비츠는 정육면체 큐브를 이용하여 제시된 카드의 그림을 완성하는 게임입니다. 카드에 제시된 패턴을 큐브로 빠르게 완성하는 방식으로 게임을 할 수도 있고, 카드를 10초 정도 본 후 카드를 보지 않은 상태에서 패턴을 완성하는 방식으로 게임 할 수도 있습니다.

☑️ 초등 2학년 때 접하는 칠교놀이는 시공간 능력을 발달시키는 데 도움이 됩니다. 다양한 칠교 도안을 완성하는 작업은 도형의 모양과 색에 주의를 기울이고 변별하는 능력을 높여주지요. 이러한 활동이 점차 발전하여 초등 4학년 1학기에 평면도형의 이동을 배웁니다. 이 부분의 학습을 어려워하는 아이에게는 칠교나 펜토미노, 테트리스 게임 등을 통해 감각을 익히도록 도와줄 수 있습니다. 특히 정사각형 5개를 이어 붙인 펜토미노는 도안을 쉽게 구할 수 있고, 직접 그려서 활용할 수도 있습니다. 아이와 펜토미노를 활용하여 정사각형이나 직사각형, 알파벳 만들기를 해보세요.

펜토미노 그림 예시

✔ 이외에 시공간 능력을 높이기 위한 활동으로 다른 그림 찾기나 미로찾기가 있습니다. 시각 자료의 활용력이 높아지면서도 흥미로운 활동이기에 초등 저학년 아이에게 적합합니다. 또한 레고나 블록 놀이를 할 때는 제시된 도안에 따라 완성하도록 도와주세요. 도안의 순서를 어겨 레고나 블록이 완성되지 않으면, 어느 부분에서 실수가 있었는지 천천히 찾아보도록 합니다. 만약 종이접기를 좋아하는 아이라면 수학 종이접기에 관련된 책으로 도형의 개념을 익히는 데 도움을 줄 수 있습니다. 도형을 종이로 접는 방법과 그 도형에 대한 개념이 자세하게 글과 그림으로 제시됩니다. 학교 교과 내용을 이해하기 위한 보조자료로 활용하는 것을 추천합니다.

세 번째 영역, 유동추론 지표

유동추론 지표는 문제에 제시된 정보와 인지능력을 활용하여 새로운 문제를 해결하는 능력과 귀납추론 능력[10], 양적추론 능력[11], 추상적 사고능력[12]을 측정합니다. 시공간 추론 능력처럼 유동추론 능력은 수학 과목과 관련이 있으며, 수학적 추론 능력[13]과 수학적 문제해결[14] 능력의 바탕이 됩니다. 유동추론 지표에서 높은 점수를 받은 아이는 규칙이나 원리를 발견하고 적용하는 귀납추론 능력이 뛰어납니다. 또한 알고 있는 정보를 재조직화하거나 변형하는 유연함도 갖추고 있어 어려운 과제에 빠르게 적응하며, 자신의 지적 호기심을 자극하는 어려운 문제일수록 더 과제에 집착하는 모습을 보입니다. 반면 이 능력이 낮은 아이는 규칙을 파악하고 적용하거나, 도형이나 그래프, 수를 정확하고 빠르게 연산하기를 어려워합니다. 낯선 유형의 문제를 만나면 어렵게 여기고, 학습 의지를 쉽게 잃습니다.

유동추론 능력은 근본적인 개념적 관계를 파악하고 규칙을 찾아내어 적용하는 추론 능력으로, 언어, 쓰기 영역에도 영향을 미칩니다. 순차적이고 단계적인 방식으로 추론하는 것은 쓰기 능력의 핵심 요소인데요. 유동추론 능력이 낮은 아이는 추상적인 내용이나 긴 글을 읽고 이해하는 것과 작문에 어려움을 느낍니다. 이 아이는 개념을 반복적으로 학습하여 이해와 암기가 철저히 되도록 도와야 합니다. 순차적이고 단계적으로 사고하는 기회를 주기 위해 숙제나 과제를 어떤 과정으로 할 것인지 생각해보고 이야기하게 하거나, 부모의 지시를 따르기 위해 무엇을 먼저 하고 다음에는 또 무엇을 해야 하는지 목록화하도록 할 수 있습니다. 마지막으로, 문제 풀이 과정을 보며 어느 부분이 잘 되었고 어디에서 틀렸는지 확인해보게 하거나, 주어진 문제를 어떻게 풀어나갈 것인지 계획을 세운 후 문제를 풀도록 연습시키는 방법이 도움이 됩니다.

유동추론 능력, 이렇게 높일 수 있어요!

유동추론 능력은 수학 교과와 많은 관련이 있습니다. 수학 과목에서 초등 1~2학년 아이는 연산과 도형에 대한 기본기를 닦고, 3~4학년에는 보다 추상적인 수학 개념과 원리를 배우기 시작하지요. 5~6학년에는 여러 개념을 적용하여 문제를 풀어내며 사고력과 응용력, 문제해결 능력을 기르게 됩니다. 특별히 유동추론 능력을 높이기 위해 따로 무언가를 하지 않아도 수학 교과의 학습에 매진한다면 유동추론 능력이 점차 발달하게 되는데요. 유동추론 능력이 제대로 발휘되기 위해서 우선 정보를 정확하게 기억하는 것이 중요합니다. 정보를 기억한 상태에서 주의력을 자유롭게 활용할 수 있어야 다른 정보와 비교하거나 분석하고, 새로운 상황에 적용할 수 있기 때문입니다. 물론 유동추론 능력은 단순 문제 풀이 훈련만으로 높아지지 않습니다. 문제를 풀 때 풀이 과정을 꼼꼼하게 적어 기억력과 주의력을 높이고, 자신의 풀이와 해답지를 비교하며 오류를 스스로 찾아보는 등의 활동을 통해 높일 수 있지요. 많은 문제를 풀지 않더라도 제대로 풀도록 도와주세요.

☑️ 초등 아이에게 오답 노트까지 요구하는 것은 아이가 수학을 싫어하게 만드는 원인이 될 수 있습니다. 하지만 문제 풀이 과정을 꼼꼼하게 적어보거나, 자신의 풀이와 해답지를 비교하는 것은 문제해결 능력을 높이는 데 도움이 됩니다. 연산 실수가 아닌 문제 지문에 대한 이해가 부족하거나 개념을 응용하지 못해 오답이 나오면 풀이 과정을 세세하게 적은 뒤 다시 문제를 풀도록 합니다. 그리고 해답지의 자세한 설명을 보며 아이가 자신의 풀이 과정과 해답지의 풀이 과정을 비교해보도록 하세요. 첫 번째 풀이에서 틀린 이유를 찾아보게 하거나, 나의 풀이 과정에 어떤 오류가 있는지, 혹은 어떤 새로운 시도로 정답을 도출해냈는지 등을 직접 말로 설명해보게 합니다. 이 과정에서 아이는 문제에 접근하는 전략을 배우고, 자기 생각을 논리적으로 표현하는 능력이 발달합니다.

오답 확인

▼

풀이 과정 자세히 적기

▼

해답지의 풀이 과정과 비교하기

▼

이전 풀이 과정의 오류 및 새로운 풀이 전략의 적합성 설명하기

☑ 문장제 문제에 숨겨진 의미와 제시된 조건의 관계를 파악하여 적절한 책략을 세울 수 있도록 도와주세요. 다음 표는 산수 문제의 예를 통해 의미 구조를 파악하여 책략을 세우는 과정입니다. 아이와 문제에 접근할 때 이러한 단계를 함께 해보세요.

문제	의미구조 파악하기	책략 세우기
진아는 사탕을 3개 가지고 있다. 그런데 민수가 사탕을 3개 더 주었다. 진아는 몇 개의 사탕을 가지고 있을까?	개수를 결합하라는 의미	두 숫자를 합하기
진아는 사탕을 3개 가지고 있다. 민수는 사탕을 6개 가지고 있다. 진아는 민수보다 몇 개를 덜 가지고 있을까?	개수를 비교하라는 의미	두 숫자를 각각 독립된 두 줄의 사물로 표현한 후 남은 사물의 수를 답으로 말하기
□ 안에 들어갈 수 있는 수 중에서 가장 작은 수를 구하시오. 15×5 < 12×□	두 곱셈식의 크기를 비교하라는 의미	12개를 몇 번 더해야 15가 5개 있을 때보다 큰 수가 되는지 찾기

☑ 유동추론 능력은 개념과 지식보다는 추론 능력 자체가 중요하기 때문에 사전 지식이 많지 않더라도 자료를 분석하고 정답의 도출 과정을 검토하여 실수를 줄이는 아이는 발전할 가능성이 큽니다. 유동추론 능력이 다소 낮더라도 다양한 문제 풀이 전략을 갖고 있다면 충분히 추론 능력을 보완하

여 높은 성취를 할 수 있습니다. 그러나 유동추론 능력을 높이려고 일부러 아이가 힘들어하는 심화 문제를 억지로 풀리거나, 사고력 문제를 풀라고 닦달하지 마세요. 꾸준한 개념 및 응용 학습은 아이의 학습 지식과 경험을 풍부하게 만듭니다. 학습한 내용을 반복적으로 복습하여 완벽하게 이해하도록 도와주거나, 개념을 학습한 후 자신의 언어로 표현하도록 하는 활동이 선행되어야 유동추론 능력이 발전할 수 있습니다. 아이의 생각, 선택, 계획에 대해 질문하고, 그것이 어떤 결과를 가져올지, 다른 방법은 없는지 생각해볼 수 있는 기회를 주세요.

네 번째 영역, 작업기억 지표

작업기억 지표는 시각과 청각 정보를 일시적으로 유지하고 조작하며 활용할 수 있는 능력을 측정합니다. 작업기억 능력을 측정하는 검사들은 짧은 시간에 제시하는 정보를 집중해서 듣고 기억해야 하므로 주의집중력과 단기기억력, 작업기억력, 억제통제력이 필요하며, 기억하려는 것을 반복하여 연습하는 '시연'이나 머릿속으로 이미지를 떠올려 심상을 만드는 '기억전략'이 도움이 됩니다. 일반적으로 자극을 일시적으로 저장하여 기억하는 능력을 '단기기억'이라 하고, 기억한 정보를 조작하고 주의를 조절하는 능력을 '작업기억'이라고 하는데요. 정신적 통제 능력과 관련된 작업기억이 학업 성취와 크게 관련이 있습니다.

　작업기억 능력이 낮은 아이는 부모나 교사의 지시사항을 쉽게 잊고, 복합적인 과제를 수행하기 어려워하며, 긴 글을 읽는 데 어려움을 느낍니다. 발표하겠다고 손을 들고는 무엇을 말하려고 했는지 잊어버리거나, 여러 단계를 걸쳐 풀어야 하는 문제에서 자신이 어디를 풀고 있는지 잊어버리고 헤매기도 합니다. 과제를 완수할 때까지 그 정보를 기억하기 어려워하므로 수업 시간이나 자기 학습에서 많은 어려움을 겪습니다.

　작업기억 능력이 부족한 아이는 정보를 기억하는 효율적인 전략을 사용하기 어려워합니다. 예를 들어, 36개의 바둑돌을 제시한 후 몇 개인지 셈을 하라고 지시하면 바둑돌을 10개씩 묶어서 세지 않고 하나하나 셈을 하는 바람에 실수가 발생합니다. 작업기억이 낮다면 복잡한 지식이나 기술을 습득하는 데 느려 주변의 적절한 도움이 없다면 학습 결손이 일어나기 쉽습니다. 긴장되거나 불안할 때, 학습에 대한 의지가 낮고 무기력할 때도 작업기억 능력이 낮아집니다. 이러한 아이에게는 짧고 간단하게 지시를 내리거나, 지시를 반복해서 안내해주어야 합니다. 학습 계획은 언어보다는 지면으로 전달하는 것이 좋고, 주의가 흐트러지지 않도록 주변 환경을 정돈해주면 좋습니다.

작업기억 능력, 이렇게 높일 수 있어요!

작업기억은 특히 기질과 많은 관련이 있습니다. 자극추구 기질이 높은 아이는 자극에 빠르게 반응하지만, 순간적으로 다른 자극에 주의가 전환되어 이전 자극을 쉽게 잊습니다. 긴장감이 높거나 불안감이 높은 아이도 작업기억이 낮은 경향이 있는데요. 불편한 정서를 조절하느라 주의와 집중을 발휘하기가 힘들어져 이런 문제가 발생합니다. 작업기억 능력이 낮은 아이에게 비난이나 처벌, 충고는 아이를 더욱 긴장시키거나 무기력하게 만들수 있습니다. 흥미와 관심은 작업기억력을 높이니 아이가 의욕을 가질 수있는 환경을 만들어주는 데 초점을 맞추세요.

"오늘 수학 문제 풀고 영어 숙제 하는데, 아직도 이렇게 만화를 보고 있으면 어떡하니? 엄마가 간식 먹고 바로 숙제 시작하라고 했잖아. 몇 번을 말해야 알아들어! 이거 지금 안 하면 오늘 저녁에 승유 생일 파티에 못 가는 거, 알아, 몰라!" ⊗

"오늘 공부는 6시 반까지 끝내도록 하자. 수학이랑 영어 중에 뭐부터 시작할까? (아이의 대답 듣기) 좋았어. 그럼 당장 뭐부터 해야 하지?" ⊘

✔ 관련 없는 말을 줄여 최대한 짧고 간단하게 지시합니다. 아이가 기억할 부분이 무엇인지를 명확하게 인지할 수 있도록 강조해서 이야기해주세요.

✔ 작업기억 능력이 낮은 아이는 아무리 반복된 일과라도 쉽게 잊습니다. 지시를 내릴 때 각 단계에 번호를 매겨 제시하거나 자주 반복해서 안내하세요. 하루의 일과를 기억하여 말하거나 부모의 지시를 따라 말하도록 하는 방법도 좋습니다. 학습 과정에서 절차를 쉽게 잊는 아이의 경우 문제집의 앞면에 크게 하루에 공부할 분량과 학습 방법을 적어주는 것도 도움이 됩니다. 물론 학습 후 문제집 앞면에 적힌 주의사항을 제대로 따랐는지 소리 내어 읽어보고 확인하라고 지시한 후 검토하는 것도 잊지 않아야 합니다. 아이가 알아서 하지 못하는 것을 답답해하지 마세요. 아이가 할 일을 완수해내도록 돕는 데 목적을 가져야 합니다.

✅ 작업기억이 낮은 아이는 세부적인 부분을 놓쳐 맞춤법이나 연산에서 작은 실수를 반복합니다. 아이가 학습 과정에서 실수를 주의하도록 요구하기보다 학습 후 자신의 실수를 검토하여 스스로 발견할 수 있도록 도와주는 것이 효율적입니다. 예를 들어, 자주 맞춤법을 틀리는 단어는 책상 앞에 정확한 표기를 써서 붙여주세요. 그리고 쓰기 숙제 후 오탈자가 있는지 확인하도록 따로 지시합니다. 또한 수학 문제 풀이에서 자주 실수하는 부분은 절차를 기억하도록 반복 학습합니다. 만약 나머지가 있는 나눗셈의 계산에서 종종 실수한다면, 나누기를 하여 몫을 구한 후, 나누는 수와 몫의 곱을 쓰고, 나누어지는 수에서 나누는 수와 몫을 곱한 수를 빼고, 나머지 숫자를 내리는 4단계를 '나누기→곱하기→빼기→내리기'로 간결화하여 기억하게 하는 것입니다. 풀이 과정에서 이 절차를 지키며 계산했는지 검토해보도록 지도하는 것도 좋겠지요. 복잡한 과제 중간에 헤맬 때 잘 해내지 못하더라도 포기하지 않고 계속해서 격려해주세요.

나누기	곱하기	빼기	내리기
$3\overline{)20}$	$3\overline{)\,20\,}^{\,6}$	$3\overline{)\,20\,}^{\,6}$ 18	$3\overline{)\,20\,}^{\,6}$ 18 2

✅ 어린 시절 친구들과 했던 놀이를 아이와 해보세요. '공자 가라사대'가 붙은 지시문은 따라 하고, '공자 가라사대'가 붙지 않은 지시는 하지 않는

'가라사대' 놀이는 청각적 기억력과 행동조절력을 훈련하는 데 도움이 됩니다. '과일 박수' 게임은 과일 이름을 불러주면 손뼉을 치고, 다른 사물을 이야기하면 손뼉을 치지 않는 놀이인데요. 상대방의 지시를 주의 깊게 들어야 성공할 수 있는 게임입니다. 또는 '시장에 가면' 게임도 앞에서 언급한 단어들을 순서대로 기억해야 하므로 기억력을 높이는 데 도움이 됩니다. 아이와 놀이를 통해 작업기억 능력을 높여주세요.

다섯 번째 영역, 처리속도 지표

처리속도 지표는 간단하고 단조로운 과제를 빠르고 정확하게 수행할 수 있는지를 측정합니다. 처리속도 지표의 검사에서는 주어진 기호를 보며 형태와 상징이 같은지 다른지 인식하고 짝지어 기억하는 능력이 필요하며, 얼마나 빠르게 답을 결정하느냐가 중요한 요인입니다. 처리속도 지표는 시각적 변별력과 주의집중력, 소근육 운동능력과 쓰기능력의 영향을 받습니다.

처리속도가 높은 아이는 생각하고 문제의 답을 내리는 속도가 빨라 산수나 구구단을 배우거나 수업 시간에 과제를 수행하는 데 시간이 얼마 안 걸립니다. 읽기 속도도 빠르며 시간 압박을 받는 상황에서 수행이 더 빨라지지요. 초등 시기에 처리속도는 읽기 및 수학 능력과 높은 관련성이 있습니다. 처리속도가 높은 아이는 집중해서 유창하게 인지를 활용하므로 초등 고학년이 되었을 때 복잡한 읽기나 문제해결을 수월하게 해냅니다. 반면에 처리속도가 느린 아이는 정해진 시간 안에 해야 할 일을 마치기 어려워하며, 같은 양을 배우는 데 시간이 오래 걸리고 쉽게 지칩니다. 정해진 시간 내에 글자를 베끼거나 주어진 분량의 글을 읽어내기 어려워하지요. 특히 의지와 동기가 낮거나 실수하지 않으려고 애쓰는 완벽주의 기질 아이의 처리속도가 낮습니다.

시각의 움직임이 빠른 아이는 지문 속 문장들을 재빠르게 읽으며 글의 핵심 내용을 명확히 파악하거나, 중심 문장에서는 주의를 기울이고 부연설명이 나오는 문장은 빠르게 넘어가는 것과 같이 전략적으로 읽습니다. 하지만 처리속도가 낮게 나온 아이는 시각의 움직임이 느려 문장을 순차적으로 단조롭게 읽어나갑니다. 처리속도가 낮은 아이의 읽기 능력 향상을 위해서는 중심 문장 선별하기나 핵심 키워드를 찾아 표시하기 등의 읽기 전략을 알려줌으로써 자신의 부족한 기능을 보완하게 할 수 있습니다.

초등 저학년 아이는 처리속도가 낮다 해도 빨리하라고 압력을 넣거나, 시간 안에 수행하라고 부담을 주지 마세요. 학습에 익숙해지고 난 후에 속도를 강조하는 것이 좋습니다. 과제를 완성할 넉넉한 시간을 제공하고, 과제의 양보다는 정확도를 중요하게 평가해주세요. 정해진 시간 안에 과제를 완수하길 바란다면, 같은 양의 과제 수행에 걸린 시간을 일주일 동안 파악한 후에, 그 결과를 바탕으로 목표 시간을 세우는 것이 좋습니다.

처리속도 능력, 이렇게 높일 수 있어요!

처리속도가 낮은 데에는 몇 가지 이유가 있습니다. 시지각 정보처리 능력이 낮아 정보를 뇌로 전달하여 처리하는 과정이 오래 걸려서일 수도 있고, 주의력이 떨어져 한 가지 과제에 집중하기 어렵기에 과제 완수에 시간이 오래 걸리는 것일 수도 있습니다. 혹은 기억력이 낮아 한 번에 처리할 수 있는 정보의 양이 적다 보니 시간이 필요한 것일 수도 있지요.

하지만 이런 부분에 문제가 없다면, 자신에게 주어진 정보를 빠르게 분류하고 선택하는 자기 결정력과 관련될 수 있습니다. 누구나 확신이 있어야 응답을 빠르게 할 수 있지요. 그러나 기질적으로 신중하거나 실수했을 때 발생하는 부정적인 감정을 버거워하는 아이는 자신의 결정을 과하게 재확인합니다. 그러다 결국 주어진 시간 안에 과업을 마무리하기 어렵게 되지요. 그럴 때 부모는 아이에게 "얼른 해, 아직도 시작 안 했어? 언제 할 거야!"와 같이 재촉하는 표현을 자주 하게 되는데요. 이런 표현은 아이의 의지력을 꺾어 자신의 행동을 상황에 맞게 조절하고 통제하는 힘을 떨어뜨립니다. 마음이 불안해지며 실수하지 않으려는 반복적인 행동이 더욱 강화되는 것이지요.

이처럼 자기 결정력이 낮은 아이에게는 지금의 과제를 스스로 '선택'하고 '결정'했다는 인식을 명확히 주어야 합니다. 그리고 자신이 해낼 수 있다는 확신을 가질 수 있도록 성공 경험을 늘려주는 것이 좋습니다.

✔ 시간 안에 수행하는 습관을 길러주고 싶다면 놀이 활동에 시간제한을 적용해보세요. 시간 내 퍼즐 맞추기나 지구본에서 빠르게 나라 찾기, 2장의 카드를 뒤집어 같은 그림을 가져오는 메모리 게임을 통해 처리속도를 높일 수 있습니다.

✔ 과제 완성에 필요한 시간을 예측하고 실제 수행 시간을 기록하여 비교해봅니다. 이때 과제의 난이도를 아이가 목표로 한 시간 안에 완수할 수 있을 정도로 설정하는 것이 중요합니다. 도전적인 목표보다는 충분히 해낼 수 있는 목표가 자신감을 높이는 데 도움이 됩니다.

✔ 읽기 유창성이 높아지도록 친숙한 내용의 책을 꾸준하게 읽습니다. 자신이 알고 있는 책의 내용을 읽으면 앞에 제시된 내용이 이야기의 뒤에서 어떻게 풀려나가는지 알게 됨으로써 전체 흐름을 명확히 이해할 수 있습니다. 주제가 동일한 다른 책을 읽는 것도 도움이 됩니다. 예를 들어, 『그리스 로마 신화』를 만화책으로 읽고, 그림책으로 읽고, 동화책으로도 읽어보는 것이지요. 이를 통해 글의 내용을 빠르게 읽으면서도 명확하게 이해하게 되면 읽기에 대한 부담감이 줄어듭니다.

✔ 풍선 주고받기, 콩주머니 던져서 받기 등 눈과 손의 협응을 높이는 운동은 처리속도를 높이는 데 도움이 됩니다. 청기백기 게임이나 369 게임, 탁구나 배드민턴도 시각 자극에 주의를 기울이고, 변화에 따라 신속하게 판

단하고 결정하는 경험을 해볼 수 있어 처리속도에 향상 도움이 되는 활동입니다.

✓ 종이접기나 가위질, 블록 놀이 등 소근육 사용 능력을 높이고, 눈과 손의 협응을 높이는 활동도 좋습니다. 이러한 활동은 몸에 대한 조절력과 통제력이 높아져 자신감이 붙으면 인지 조절 능력도 함께 높아집니다.

✓ 간단한 산수를 가능한 한 빨리 계산하거나 자주 사용하는 단어를 빠르게 읽는 훈련을 통해 학습의 기본 능력이 자동화되도록 노력하는 방법도 좋습니다. 이때 아이가 자신의 능력이 향상되었음을 인식할 수 있도록 인정과 칭찬의 표현을 적극적으로 해주세요. 아이가 스스로를 긍정적으로 바라볼 때 학습 의욕이 높아지고, 의욕이 높아져야 처리속도도 빨라집니다.

지능이 높아야 공부를 잘하나요?

지능과 학업 성취도의 관련성은 많은 연구를 통해 입증되었습니다. 하지만 한 개인의 역량을 지능 검사 하나로 단정 짓기는 위험하며, 성인과 달리 아이는 검사 당일의 몸 상태나 검사 환경에 따라 결과가 달라지기도 합니다. 초등 입학 전 실시한 지능 검사에서 매우 우수한 결과를 보였으나, 초등 고학년이 되어 실시한 지능 검사에서는 결과가 그렇게 높지 않은 경우가 있고, 반면 초등 저학년 때는 평균보다 낮은 지능으로 평가된 아이가 꾸준한 학습 덕분에 중학교 시기에 우수한 결과를 보이기도 합니다. 높은 지능을 가진 아이들이라고 해서 공부에 더 흥미를 느끼거나 노력 없이 좋은 성과를 얻을 수 있는 것은 아닙니다. 어렵고 복잡한 내용을 배우기 시작하는 중고등학교 시기가 되면 꾸준한 노력이 중요하며, 매 순간 경험하는 실패와 모호함을 견디고 일어서는 힘이 성취도에 큰 영향을 미칩니다.

펜실베이니아대학교 심리학과 교수 더크워스Duckworth와 미국 심리학자 셀리그만Seligman은 지능보다 자기 통제력이 학업 성취에 더 크게 이바지한다는 연구 결과를 발표했는데요[15]. 두 학자의 연구는 우리에게 많은 점을 시사합니다. 뛰어난 능력이 있다 하더라도 충동을 억제하고 유혹에 저항하며, 만족감을 유보하는 자기 통제력이 있어야 학습에서 성공할 수 있습니다. 그러므로 지능의 발달과 더불어 자기 통제력이 높은 아이로 키우기 위해서 부모는 아이가 유능감을 가질 수 있도록 도와야 합니다. 스스로 잘한다고 느끼고, 잘할 수 있다고 믿을 때 아이는 움직입니다. 마라톤을 목표로 달리기 연습을 시작하는 것은 어렵지만, 100m를 목표로 달리기를 시작하는 것은 힘들지 않지요. 아이에게 적절한 중간목표를 안내하고, 유능감을 느낄 수 있도록 지능 발달의 과정을 알고 아이가 나아갈 방향을 예측할 수 있어야 합니다. 성적이 아니라 아이의 성장을 위해 목표와 방향을 적절하게 조정해나가는 것이 부모의 역할입니다.

02

지능의 발달 과정, 하나하나 살펴봅시다

글자를 처음 배운 초등 1학년 아이는 주어진 자극을 정확하게 변별하기 위해 주의를 기울이는 것을 어려워합니다. 예를 들어, 처음 한글을 배운 아이가 앞에 서 있는 유치원 통학버스 뒷유리에 붙은 '어린이 보호 차량'이라는 카드를 보고 '어린이 보호 차량 버스'라고 읽거나, '아기'라는 글자를 '아가'라고 읽는 경우입니다. 갓 한글을 배운 아이는 정보에 의해 떠오르는 상황이나 경험에 주의를 빼앗겨 주어진 정보만을 정확하게 처리하기 어렵습니다. 그래서 떠오르는 생각대로 글자를 읽지요.

연산에서도 마찬가지입니다. 빠르게 어림하거나 짐작해서 정보를 판단하고 평가하기 때문에 수와 같은 상징을 다룰 때 아이는 잦은 실수를 합니다. 처음 산수를 배우는 아이는 3 더하기 8을 계산하라고 했을 때 12나 14로 잘못 응답합니다. 아직 연산에 익숙하지 않아 3 더하기 8이 10을 넘어가는 수라고 어림짐작하여 응답하기 때문입니다. 물론 이러한 아이도 점차 오답인 걸 빠르게 알아차리며 정확하게 계산합니다. 학습 경험과 훈련을 통해 정보를 정확하게 분석적으로 처리하는 능력이 점점 발달하기 때문입니다.

지능의 발달은 개인차가 있습니다. 상호는 당장 풀어야 하는 문제에 집중하지 못하고, 다음번 문제를 쳐다보거나 책상 위의 장난감을 만지작거리는 행동을 합니다. 반면 상호보다 2살 어린 초등 1학년 상희는 상호보다 훨씬 야무집니다. 자신이 해야 할 일에 집중해서 빠르게 해내거나, 읽은 책의 내용을 기억해서 이야기할 때는 초등 3학년인 상호보다도 뛰어나지요. 함께 수학 공부를 할 때, 상희는 지문의 내용을 잘 읽고, 그 안에서 문제 풀이에 필요한 단서를 찾아 식을 세워 문제를 해결하기까지 큰 어려움 없이 잘 해냅니다. 상희의 주의력과 기억력의 발달이 빠르게 이루어졌기 때문입니다.

집중을 흐트러뜨리는 다른 자극을 차단하거나 방해 요인의 유혹에 저항하며 주의를 집중하는 주의력과, 지각한 내용을 저장하고 필요에 따라 회상하는 기억력은 초등 저학년 학습의 성공에 매우 중요한 능력이며, 아동기 동안 그 능력이 점점 정교화됩니다. 기본적인 주의력과 기억력은 8세 경에 완성되는데요, 그로 인해 아이는 초등학교 입학 시기가 되면 학교 학습을 따라갈 준비가 됩니다. 상희처럼 주의력과 기억력의 발달이 빠른 아이는 초등학교에 입학하면, 전반적인 부분에서 빠르게 적응하고 우수한 태도를 보이지요. 물론 주의력은 과제가 얼마나 어려운가에 따라 지속적인 발달이 필요하므로 청소년기까지 발달이 이루어집니다. 기억력은 초등 5~6학년이 되면 성인 수준에 이를 만큼 빠르게 발달합니다.

초등 저학년 시기에는 주어진 정보를 다양하게 다루는 추론력 또한 급성장하게 됩니다. 수학 시간에 배우는 분류하기나 규칙 찾기는 추론력을 키워주는 중요한 부분이지요. 여러 가지 악기를 연주 형태에 따라 분류하거나, 제시된 그림에서 반복되는 규칙을 찾아내는 문제는 조건을 파악하고 정보를 목적에 따라 구분하고 생각하는 추론력을 높여줍니다.

추론력이 발달하는 이 시기에 아이는 자신만의 논리로 부모를 당황하게 하기도 합니다. 우리 반 '모든' 아이가 스마트폰을 가지고 있다고 우기거나, 다른 친구들은 맨날 노는데 '나만' 공부한다며 투덜대는 식이지요. 아이의 추론 과정은 아직은 투박하고 허점이 많지만, 논리적인 원칙에 따라 사고하는 이 순간들이 아이의 추론력을 높입니다.

주의력, 기억력, 추론력이 빠르게 발달한 아이를 상상해보세요. 부모나 선생님의 지시에 따르기 위해 자기 생각과 행동을 잘 조절하고, 복잡한 학습 내용도 쉽게 잊지 않으며, 문제를 논리에 맞게 궁리하여 풀어내는 아이. 바로 우리 집에는 없고 남의 집에만 있다는 일명 '엄친아'이지요.

인내력이 높은 기질인 데다 주의력, 기억력, 추리력이 빠르게 발달한 아이는 초등 학습에서 유능한 모습을 보입니다. 하지만 학습에 유리한 기질과 지능을 타고난 아이들도 중학교에 올라가면 '동기'와 '자기 통제력'이 중요해집니다. 배우고 익힐 공부의 양이 점점 더 많아지고 내용이 깊어지면서 학습에 대한 아이의 의지와 노력이 필요해지는 것이지요. 문제를 푸는 기술을 배운 아이보다 어려운 문제를 끝까지 풀어나가는 힘을 기른 아이, 학습량이 많은 아이보다 자신에게 필요한 부분이 무엇인지 스스로 생각할 줄 아는 아이, 승승장구하는 아이보다 실패를 이겨내는 법을 배운 아이가 결국은 학습에서 성공할 수 있다는 것을 기억해야 합니다.

지능 발달은 뇌 기능의 성숙과 학습 경험의 상호작용을 통해 가속화됩니다. 이때 학습 경험을 통해 축적된 지식은 점차 어려워지는 학습을 수월하게 해나갈 수 있는 자원이 되지요. 초등 저학년 시기에 수와 글자를 익히고 다루는 훈련을 성공적으로 해낸 아이는 초등 3~4학년이 되어 국어나 수학 등 본격적인 교과를 배우며 학습에 필요한 기술을 잘 익히게 됩니다. 그리고 이때 습득한 학습 지식과 기술을 토대로 초등 고학년이 되면, 추론과 문제해결 등의 고등인지 기술을 활용하여 학습합니다. 그럼 지금부터 초등 6년 동안 이루어지는 지능 발달 과정을 살펴보며 아이의 성장을 촉진할 수 있는 부모의 역할도 함께 알아보겠습니다.

인지능력의 발달 과정을 소개합니다

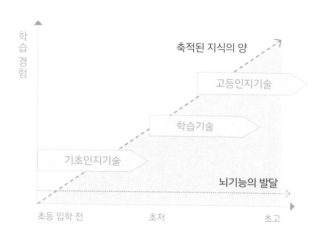

초등 입학 시기가 되면 아이의 인지능력 중 주의력, 억제통제력, 기억 용량의 발달이 급격히 이루어집니다. 3세 경에는 색연필을 쥐고 선하나 긋기도 힘들어하던 아이가, 7세가 되면 마음에 드는 색을 골라 원하는 그림을 능숙하게 그려냅니다. 책을 읽어주면 도망가던 아이가 8세가 되니 조금 긴 동화책을 읽어줘도 끝까지 잘 듣고, 개수가 늘어난 퍼즐도 잘 맞추게 되지요. 초등 입학 시기가 되면 어떤 정보에 주의를 기울일지 스스로 선택하고 집중을 활성화하는 주의력의 발달이 이루어지고, 연습을 통해 과제를 수행하는 데 능숙해져 주의를 많이 쏟지 않아도 되기 때문입니다. 그동안의 경험으로 자동화된 부분들이 늘어나면서 주의를 기울이지 않고도 해낼 수 있는 일들이 많아져 복합적인 활동도 잘 해내는 것이지요.

초등 입학 시기가 되면 자신의 수행에 집중할 수 있게 되고, 방해되는 주위의 자극을 무시하거나 저항하는 힘이 생겨나 실행 능력도 향상됩니다. 그림 그리기를 좋아하지 않는 아이들도 그림을 그려야 하는 시간에는 마음속에 올라오는 다양한 유혹을 물리치고 크레파스를 끄적일 수 있지요. 이러한 능력을 '억제통제'라고 하는데요. 자기조절과 행동의 감찰을 담당하는 전두엽[16]이 발달하면서 자신의 행동을 조절할 수 있게 되는 것입니다. 7세 아이는 '공자 가라사대'나 '청기 백기' 게임을 이전보다 훨씬 잘 해내는데, 유아기 동안 억제통제력이 높아져 자신의 행동을 조절하거나 지시를 이행하는 것에 능숙해지기 때문입니다.

또한 6세 경이 되면 작업기억의 용량이 증가합니다. "들어가서 손 씻어"라는 부모의 지시를 그대로 따라 말할 수 있는 것은 감각기억에 부모의 지시가 청각적 정보로 남아있기 때문입니다. 이처럼 감각기억에 저장된 정보를 조작하거나 능동적으로 이해하는 과정을 '작업기억'이라고 하는데, 한 번에 많은 정보를 기억할 수 있게 되면 주어진 정보를 처리하며 다른 자극들을 동시에 다루는 것이 수월해집니다. 한 손보다 두 손을 모두 사용할 때 옷을 입기가 쉬워지듯이요. 초등 입학 시기에 아이는 기억력이 늘어나 이전 규칙이 새로운 규칙으로 바뀌었을 때 빠르게 적응하고, 부모나 선생님의 지시도 정확히 기억합니다. 수행 능력이 함께 높아지게 되는 것이지요.

초등 저학년, 학습 자극 처리 연습이 필요합니다

초등 입학과 더불어 아이는 어른이 되어 삶을 살아가는 데 필요한 기본 능력을 본격적으로 학습하기 시작합니다. 만 7세에서 11세까지는 언어 및 청각 기능을 담당하는 측두엽이 급격히 발달하는 시기로, 뇌 발달과 학습 자극의 추가 탄력을 받은 초등 저학년 아이는 국어과 영역의 학습을 원활하게 해냅니다.

또한 이 시기에는 공간 지각과 입체적인 사고를 담당하는 두정엽이 발달하면서 도형을 다루거나 수를 추론하는 능력이 늘어납니다. 그래서 초등 입학 때는 미로찾기나 퍼즐 맞추기, 같은 그림 찾기 등의 활동에서 서툴렀던 아이들도 초등 중학년 정도가 되면 속도와 정확도가 급격히 높아지지요. 뇌 발달과 더불어 인지의 기초과정이라고 불리는 지각, 주의, 기억의 능력이 정교화되기 때문입니다.

지능의 발달 과정을 연구하는 학자들은 정보를 인식하고 분별하는 인지능력의 발달에 있어 경험과 연습이 중요하다고 주장합니다. 아이는 문제를 반복해서 푸는 경험을 통해 어느 부분을 중점적으로 봐야 하는지, 어디서 실수하지 않도록 조심해야 하는지 분명히 알게 되지요. 그리고 학습을 반복하면서 중요한 정보를 찾아 주의를 기울이는 방법을 잘 알게 되고, 자극들의 미세한 차이에 더 민감해집니다. 예를 들어, 글자체나 글자 크기에 신경 쓰기보다 글의 내용을 이해하는 것이 더 중요하고, 칠판에 적힌 낙서보다 선생님이 알림장에 받아 적으라고 지시한 글씨에 집중하는 것이 중요함을 압니다. 알림장의 내용이 어제와 똑같지만, 숙제해야 할 국어 교과서의 페이지에 변화가 있다는 것도 금방 알아차리지요. 초등 저학년에는 정보를 정확하게 지각하는 훈련이 충분히 되어야 중학년으로 올라가서도 늘어나는 과목의 학습 내용을 잘 따라갈 수 있습니다.

학습을 위해서는 빠르고 정확하게 보고 듣는 것이 중요합니다. 특히 감각기관을 통하여 대상을 인식하는 '지각 능력'의 발달은 학습의 필수 요건입니다. 지각하는 목적을 이루려고 노력하거나, 지각한 정보의 의미를 인식하고, 얼마나 상세하게 지각하는지, 어디까지 지각하고 어디부터는 무시할지 등을 결정하는 지각 능력은 경험과 연습을 통해 발달합니다. 지각 능력의 발달이 더딘 아이는 학교 학습 내용을 어려워하지 않더라도 가정에서 교과 내용을 복습하며 지각 능력을 키워주어야 합니다. 책을 소리 내어 읽거나 퍼즐 맞추기, 글자 따라 쓰기나 다른 그림 찾기 등의 활동은 지각 능력을 높입니다. 학교에서 선생님의 지시를 따르거나 수업을 듣는 과정도 기초 인지능력을 높이는 데 도움이 되지요.

인지능력의 발달이 느린 아이는 문제집을 풀 때 어떤 정보에 집중해야 하는지, 얼마나 자세하게 이해해야 하는지를 스스로 깨치기 어려워합니다. 이런 경우 문제집을 풀 때마다 옆에서 부모가 함께하며 문제를 읽고 풀어가는 과정을 한동안 함께해주는 것이 좋습니다. 이런 학습 경험이 쌓이고 뇌가 발달한 초등 고학년 아이들의 기초 인지능력의 차이는 크게 줄어듭니다. 부모의 눈에는 아이의 시행착오가 답답해 보일 수 있습니다. 하지만 아이에게는 훈련이 필요합니다. 아이가 못하는 것에 집중하기보다 아이가 그것을 어떻게 해내게 되는지 과정을 지켜봐주세요.

주의력, 기억력의 발달을 돕는 부모 역할

아이가 기억을 되살려 이야기를 풍성하게 만들도록 대화해주세요

초등학교 입학 전부터 아이의 주의력, 억제통제력, 기억력이 발달을 시작하지만, 어떤 아이는 초등학교에 입학한 후에야 이러한 능력의 발달이 시작됩니다. 만약 아이의 지능 발달이 더뎌 걱정이라면 많은 대화를 통해 아이가 자신의 인지능력을 최대한 발휘할 수 있도록 도와주세요.

초등 1학년 아이의 기억력의 발달 특징 중 하나는 자신에게 일어난 사건을 떠올릴 수 있는 '자전적 기억'이 발달한다는 것입니다. 자신이 겪은 일을 부모에게 이야기하며 기억을 더 뚜렷하게 만드는 일은 아이의 기억 발달에 큰 도움이 되지요. 아이가 어릴수록 과거 경험을 정확하게 기억해낼 수 있게 부모가 구체적인 힌트와 단서를 주고, 질문도 여러 번 반복해야 합니다.

예를 들어, "지난번 여름에 갔던 바다에서 뭘 하고 놀았지?"라는 질문에 아이가 대답을 못 한다면 "그때 같이 바닷가에서 산책하면서 커다란 배 봤던 거 기억나? 그리고 또 무엇을 했더라?"와 같이 부모가 새로운 정보를 제공함으로써 아이가 그 순간을 회상해낼 수 있게 도와주어야 합니다.

아이가 대답하지 못한다고 면박을 주거나 재촉하면 아이는 기억해내려는 노력을 멈추게 됩니다. 아이의 머릿속에서 그 순간이 떠오를 수 있도록 도와주는 것을 '정교화'라고 하는데요. 아이가 편안하게 회상할 수 있도록 분위기를 만들어주는 부모의 노력은 아이의 자전적 기억 발달에 매우 중요합니다.

정교화 정도가 높은 대화를 하고 싶다면 아이와 함께 과거의 이야기를 꾸며나가듯이 대화하는 것이 좋습니다. "바다에서 놀았던 것 기억나?"라고 질문을 던졌을 때 아이가 "모래성 쌓기를 했지"라고 응답한다면 "그래, 그때 모래로 성도 만들고 두꺼비집도 만들었잖아"라고 이야기하며 구체적인 내용을 추가해서 대화를 이끌어가는 것이지요. 만약 부모의 이야기에 아이가 "아, 두꺼비집도 만들었지. 근데 그건 동생이 밟아서 금방 부서졌어"라고 한다면 "맞아, 그래서 바닷물을 뿌려서 더 단단하고 크게 만들었는데 큰 파도가 와서 휩쓸어갔잖아" 하면서 기억에 대한 더 복잡한 이야기를 만들어내는 것입니다. 이 과정에서 아이는 과거의 순간을 생생하게 느낄 수 있습니다.

정교화 정도가 낮게 대화하는 부모는 보통 아이의 대답에 "엄마는 그때 파도가 크게 쳐서 옷이 젖었어"와 같이 아이의 생각 흐름과 전혀 관련 없는 응답을 하거나 "두꺼비집은 어떻게 만들었지?"와 같은 새로운 질문을 던집니다. 그러나 이러한 대화는 아이가 그 순간을 세밀하게 그림을 그리듯 회상해내는 것을 돕지 못합니다.

즐거웠던 휴가의 추억을 이야기하면서 아이는 그 순간의 감정과 느낌들을 떠올립니다. 그리고 마음속의 이미지를 언어로 표현하는 과정에서 기억폭과 언어 능력이 함께 발달하지요. 질문하면 늘 "몰라"라고 대답하거나 혹은 대답조차 하지 않아 김이 빠진다면 부모가 먼저 아이에게 오늘 경험했던 재미있는 이야기를 들려주세요. 초등 저학년 아이는 새로운 능력을 발휘하기 위해 어떻게 행동해야 하는지 보고 배울 본보기가 필요합니다. 어떤 질문에도 아이가 구체적인 기억을 끌어내기 어려워한다면, 아이가 좋아하는 게임이나 취미를 주제로 대화를 시작해보세요. 자신이 관심 있는 부분이므로 수월하게 생각을 정리해 표현할 수 있을 것입니다.

또는 질문을 구체적으로 바꿔주세요. "오늘 급식 맛있었니?"보다 "오늘 급식은 밥이었어, 국수였어?" 같은 질문이 아이가 경험을 회상하는 데 도움이 됩니다. "반찬은 뭐야?"라는 질문보다 "밥은 뭐랑 같이 먹었어?"라는 질문이 아이가 기억을 생생하게 떠올리는 데 도움이 되지요. 아이가 기대만큼 대답하지 못하더라도 다정한 반응과 호응으로 아이가 이야기를 편안하게 할 수 있는 분위기를 만들어주세요. 지능은 연습과 훈련으로 높아집니다.

초등 고학년, 고등인지 기술의 발달이 본격화됩니다

효은이는 초등 5학년이 되자 과학 수업이 어렵게 느껴집니다. 요즘에는 태양계에 대해서 배우고 있는데요. 태양에서 가까운 순서대로 행성을 나열하는 문제는 '수금지화목토천해'로 외워서 맞힐 수 있었지만, 토성의 크기를 핸드볼공이라고 한다면 목성의 크기는 콩, 유리구슬, 야구공, 축구공 중 무엇에 빗댈 수 있는지 묻는 문제의 답은 찾을 수 없었습니다. 효은이는 특히 이런 문제가 너무 어려운데요, 이건 고등인지 기술과 연관된 능력이기 때문입니다.

고등인지 기술이란 기초 인지 과정을 통해 지각되어 저장된 정보를 토대로 사고, 추리, 의사 결정, 문제해결을 해내는 과정을 의미합니다. 단순히 기억력에 의존하는 것이 아니라 경험한 대상에서 깊은 의미를 인식하는 모든 사고 과정을 고등인지 기술이라고 합니다. 분석력, 비판력, 관계 파악력, 구상력도 고등인지 기술에 속하지요. 고등인지 기술은 가지고 있는 지식을 새로운 상황에 적용하거나 문제를 해결할 때 활용됩니다. 효은이가 수업 시간에 배운 행성의 크기에 대한 지식을 공과 구슬과 같은 물체에 적용하는 문제를 풀기 위해서는 고등인지 기술이 필요합니다.

예를 들어, 초등 3학년 과학 시간에 배우는 '지구의 모습' 단원은 바다와 육지, 공기처럼 직접 경험할 수 있는 내용을 다루는 데 비해, 초등 5학년 과학 교과서에 나오는 '태양계와 별' 단원은 아이들이 일상에서 쉽게 접하는 내용이 아닙니다. 행성의 크기 비교는 태양계와 행성 단원에서 다루는 주요 교과 내용인데요. 유리구슬과 다양한 크기의 공을 이용하여 행성의 크기를 비교하는 수업 활동은 교과 내용을 쉽게 이해하고 추리해낼 수 있도록 도와줍니다.

지구를 반지름이 1cm인 유리구슬이라고 할 때, 목성은 반지름이 11.2cm이므로 축구공이나 배구공 정도의 크기와 비슷하다고 볼 수 있습니다. 어른들에게는 머릿속으로 간단하게 추론하여 답을 낼 수 있는 쉬운 문제이지만, 초등 5학년 아이들에게는 수업에서 배운 개념과 지식을 조직화하여 비교하고 추론하는 노력이 필요하지요. '태양계와 별'의 단원에서 아이는 과학 지식을 배움과 동시에 고등인지 기술을 활용하여 문제를 해결하는 경험도 하게 됩니다.

고등인지 기술 활용하기

지구의 반지름을 1이라고 보았을 때의 태양과 행성의 반지름 비교	
구분	상대적인 크기
태양	109
수성	0.4
금성	0.9
지구	1
화성	0.5
목성	11.2

[문제] 지구가 반지름이 1cm인 구슬 크기라고 하면 목성의 크기와 비슷한 물체를 골라보세요.

이 문제를 풀기 위해 아이는 반지름이 1cm인 원을 그리고, 반지름이 11.2cm인 원을 그려 제시된 물체의 크기와 비교해보거나, 제시된 물체의 반지름을 잰 후 구슬보다 11배 큰 물체를 찾아 답을 추론해야 합니다. 문제의 답을 어떻게 찾을 것인지 생각하는 과정 자체는 문제 해결력과 사고력을 요구합니다. 즉, 초등 고학년 학습 내용 자체가 고등인지 기술을 요구하므로 교과 학습을 충실하게 해나가는 것이 중요합니다. 효은이가 만약 행성이나 별자리 책을 읽어봤거나 그 내용을 기억하고 있었더라면 과학 수업 내용이 쉽게 이해되었을 거예요. 초등 3학년 2학기 수학 시간에 배우는 원의 반지름 내용을 잘 기억하고 있다면, 지구와 목성의 크기를 비교하는 과정이 더욱 수월하게 느껴졌을 수도 있습니다.

이처럼 초등 고학년부터 아이의 학습에는 배경 지식이 중요합니다. 학습 내용이 친숙하지 않다고 느낄 때, 혹은 추상적인 내용이라 쉽게 이해하기 어렵다고 느낄 때 아이의 학습 흥미가 떨어지지요. 흥미가 낮아지면 추리력과 문제해결력을 발휘하기 어렵습니다. 초등 고학년 아이들이 과목별로 선호도를 보이거나 성취도 차이를 보이는 이유가 바로 여기에 있습니다. 아이가 학교 학습을 따라가기 어려워한다면 그냥 지나치지 말고 아이가 어려워하는 내용을 함께 살펴보세요. 사회, 과학, 경제, 역사 등과 관련된 도서를 아이와 같이 읽거나, 박물관에 가거나 체험활동에 적극적으로 참여해보세요.

아이의 고등인지 기술을 높일 수 있는 또 하나의 방법은 바로 '메타인지'를 키워주는 것입니다. 메타인지란 자신이 아는지 모르는지를 스스로 아는 능력이지요. 자신의 인지 과정을 관찰하고 통제하고 판단하는 과정을 의미하기도 합니다. 아이가 자신이 정확하게 아는지 모르는지를 검토하는 과정은 자연스럽게 사고력과 추리력을 활용하도록 도와줍니다.

특히 수학 개념을 문장으로 써보거나, 문제 풀이를 부모에게 가르치듯이 설명해보도록 하는 것은 자신의 인지 과정을 스스로 검토하는 데 도움이 됩니다. 혹은 수업 시간에 배운 내용을 마인드맵으로 만들어 제대로 이해했는지 살펴보는 것도 메타인지를 활용하도록 도와주는 좋은 방법입니다. 자신의 사고 과정을 객관적으로 관찰하고, 스스로 문제점을 찾아내어 해결하며, 학습을 조절하는 과정을 통해 고등인지 기술도 향상될 것입니다.

고등인지 기술을 높이는 마지막 방법은 배운 개념을 활용하는 응용

마인드맵 그려보기

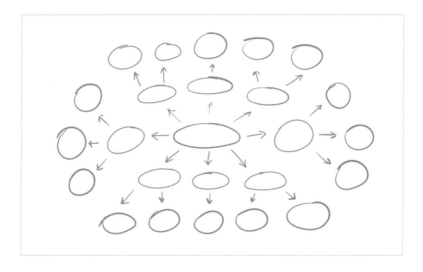

문제나 심화 문제를 통해 사고와 추론, 문제해결 등의 인지 기술을 훈련하는 것입니다. 특히 수학 과목은 고등인지 기술을 높이는 데 큰 역할을 합니다. 아이가 어려운 수학 문제에 접근하기 어려워할 때는 개념 설명 부분을 읽어보며 문제에 적용할 개념이 무엇인지 스스로 생각해보도록 질문하는 것이 도움이 됩니다.

인지 기술의 발달을 돕는 부모 역할

대화를 통해 아이의 인지 기술이 발달하고 있음을 알려주세요

　유아기 아이들은 자신의 능력을 과대평가하는 경향이 있습니다. 이에 비해 초등 고학년 아이는 자신의 능력을 정확히 알지만 대부분 과소평가하는 경향이 있습니다. 초등 고학년 아이들에게 "너는 네가 얼마나 똑똑한 것 같니?" "다른 친구들보다 네가 공부를 얼마나 잘하는 것 같아?"와 같은 질문을 던지고 자신의 능력을 1등부터 100등 사이에서 평가해보라고 하면, 대부분 중간 이하의 등수를 이야기합니다. 지능도 우수하고 학업 성취도가 높은 친구들도 자신의 능력을 높게 평가하지 않습니다. 이때 "선생님이 보기에는 어휘도 많이 알고, 연산도 정확해서 공부를 잘할 것 같은데. 생각보다 낮은 등수를 주었구나"라고 이야기하면 아이는 표정으로는 멋쩍어하면서 눈빛에서는 자신감이 차오릅니다. '아, 내가 그런 사람이구나!' 하고 새롭게 알게 되었다는 듯이 말이지요. 사실 저는 이 아이들이 지금까지 해왔던 성과를 그대로 읊어줬을 뿐인데 말입니다.

　아이는 좋아해서 열심히 하기보다는 성과가 잘 나올 때 좋아한다고 이야기하는 경우가 많습니다. 아직 자신이 어떤 사람인지 확신하기 어렵고, 배워야 할 것은 무궁무진하니 이것이 자기가 원하는 길이라고 말하기가 어려울 만도 하지요. 자신에 대한 확신을 키워나가야 할 아이에게 부족한 점과 아직 해내지 못한 일들만 말해준다고 생각해보세요. 더 노력해야 한다고 다그친다고 생각해보세요. 이 순간 아이의 내면은 어떤 상태가 될까요? 자기 딴에는 최선을 다했는데 부족하다는 말을 들으니 주눅이 들고 무기력해질 수밖에 없겠지요.

아이들이 의욕적으로 공부하기를 바란다면 왜 열심히 하지 않냐고 다그치기보다는 아이가 어떻게 성장해왔는지 이야기해주세요. "작년에는 이렇게 긴 책을 혼자 읽기 어려워했는데 많이 늘었구나" "문제집의 마지막 레벨은 늘 힘들다고 하더니, 이제 잘 푸는구나!" "항상 뭐하냐고 물어보더니 오늘은 스스로 책을 골라 왔네?" 이처럼 구체적인 말로 아이의 변화를 읽어주세요. 그리고 "어려운 단원이던데 몇 문제 정답을 목표로 문제를 풀어볼까?" "지문이 쉽게 읽히지 않던데, 글의 내용을 완벽하게 이해하려면 어떻게 해야 할까?"와 같은 질문으로 아이가 자신을 확신할 수 있는 목표를 세우도록 도와주세요.

초등 6년, 학습 기술의 발달이 이루어집니다

초등 시기의 아이는 인지 기술의 발달에 따라 학습 기술에서도 큰 성장을 거둡니다. 대표적인 학습 기술로는 읽기, 쓰기, 산수 능력이 있는데요. 지금부터 학년의 변화에 따라 학습 기술이 어떻게 발전되는지 구체적으로 살펴보겠습니다.

학습 기술의 발달, 탄탄한 읽기 능력

소진이 어머니는 1학년 2학기 학부모 상담 시간에 선생님으로부터 소진이의 읽기 능력이 다른 친구들에 비해 뒤처지니 집에서 책을 많이 읽게 하라는 이야기를 들었습니다. 친구들과 어울려 놀거나 엄마와 대화할 때는 특별히 이해력이나 표현력이 떨어진다고 생각하지 않았는데, 읽기 능력이 뒤처진다고 하니 큰 걱정이 되었지요. 상담을 마치고 돌아와 소진이에게 엄마와 즐겨 읽던 동화책을 소리 내어 읽어보라고 했습니다. 소진이는 떠듬떠듬 동화책을 읽긴 했지만, 속도도 느리고 글자를 읽어내느라 내용을 제대로 이해하지 못하는 것처럼 보였습니다.

읽기 능력은 위계적이고 점진적으로 발달합니다. 6~7세 아이는 비슷한 소리나 글자를 구분하는 능력이 자라나면서 읽기 능력을 발달시킬 준비를 합니다. 이 시기 아이는 아직 주의력이 높지 않아 책을 끝까지 읽기도 전에 질문을 하거나, 자기 생각을 이야기하기도 하지요. 하지만 책 읽기 활동이 지속되면 책에 나온 글자 중 아는 글자를 찾아 읽거나, 여러 번 반복하여 줄거리를 기억하는 책은 이야기의 후반부가 나올 때까지 중간에 끼어들지 않고 듣기를 지속할 수 있습니다. 이때 부모가 읽어준 책의 내용 중 기억나는 부분이나 줄거리에 대해 같이 이야기를 나누거나, 책의 이야기와 관련된 아이의 경험을 연결해서 이야기하는 것이 읽기 능력을 키워가는 데 도움이 됩니다.

읽기 능력의 1단계인 초기 읽기 단계는 글자에 해당하는 소리를 배우고, 글자가 어떤 의미를 전달하는지 파악하는 단계입니다. 소진이의 읽기 능력이 바로 이 한글을 깨치는 단계에 해당합니다. 이 단계에서 아이는 글자를 하나씩 힘들게 읽고, 문장을 매끄럽게 읽지 못합니다. 이 시기 아이는 아직 부모가 책을 읽어주는 것을 좋아하는데, 자신의 읽기 속도가 더뎌 책 읽기가 답답하게 느껴지기 때문이지요. 하지만 초등학교에 입학한 소진이와 같은 아이들이라면 읽기 속도와 정확도를 높여야 하는 중요한 시기에 있습니다. 그러므로 부모가 책을 읽어주는 것도 좋지만 아이도 스스로 책을 읽어 읽기 능력을 향상하도록 지도해야 합니다. 부모와 책을 한 페이지나 한 줄씩 번갈아 읽는 연습을 하고, 연습을 마치면 부모가 책을 읽어주는 것을 보상으로 줄 수 있습니다.

그러다 보면 아이는 어느 순간 갑작스러운 읽기 능력의 변화를 보입니다. 글자 하나하나 띄엄띄엄 읽던 아이가 책을 능숙하게 잘 읽어내는 순간이 오게 되는 것이지요. 중요한 점은 읽기 능력의 발전을 위해 다양한 읽기 자료를 접하고, 충분한 읽기 시간을 보장받아야 한다는 것입니다. 수학 문제집의 지문을 소리 내어 읽어보게 하거나, 요리 레시피를 함께 읽고 음식을 직접 만들어보는 것도 아이의 읽기 능력 발달에 도움이 됩니다. 낯선 단어의 경우 아이가 어떻게 이해했는지 의미를 물어보거나, 끝말잇기, 속담 뜻 알아맞히기 등의 놀이 활동으로 어휘력을 키움으로써 읽기 속도도 함께 높일 수 있습니다.

글을 소리 내어 읽는 속도가 전보다 빨라졌다면 이제 아이가 읽기 능력의 2단계에 들어섰음을 의미합니다. 이 단계에서 아이는 큰 노력 없이 동화책을 유창하게 읽고, 어휘력이 늘어나면서 표현력도 향상됩니다. 이해하며 읽기가 유창해지는 2단계를 성공적으로 통과하려면 친숙한 읽을거리들이 풍부해야 합니다. 아이가 관심을 보이는 주제와 관련하여 다양한 도서로 지적인 자극을 충분히 느낄 수 있도록 도와주세요. 학교 도서관에서 매일 책을 빌려오게 하거나, 동네 도서관을 정기적으로 방문하는 것도 도움이 됩니다.

이 시기에는 많은 책을 읽는 것보다는 한 권이라도 글의 내용을 잘 이해하며 읽는 게 더 중요합니다. 어휘의 개념을 정교화하고, 긴 글을 읽고 이해하는 능력을 길러나가는 시기이므로 눈으로 글자를 대충 훑으며 읽지는 않는지 살펴봐야 합니다. 어떤 책이 제일 재미있었는지, 그 책을 추천해주고 싶은 친구는 누구인지, 이유는 무엇인지 등 아이에게 책과 관련된 다양한 질문을 던져보세요. 책의 내용 중 마음에 드는 부분은 무엇인지, 내가 주인공이라면 어땠을 것 같은지 생각해보게 하는 질문도 좋습니다. 읽은 내용을 부모와 공유하며 머릿속으로 정리하고, 더 깊이 이해하거나 다양한 시각에서 생각해볼 수 있도록 대화에서 이끌어주세요.

읽기 능력의 3단계는 학습을 위한 읽기입니다. 되도록 초등 3학년이 끝나기 전까지 글을 읽으면서 동시에 이해할 수 있도록 훈련하여 초등 4학년에는 읽기 능력의 3단계에 충분히 올라오도록 도와야 합니다. 4학년이 되면 교과 내용을 학습하기 위한 읽기를 본격적으로 시작해야 하기 때문입니다. 읽기 능력의 3단계부터는 묵독으로 빠르게 글을 읽을 수 있어야 합니다. 사회나 과학, 역사와 같은 교과목에서 나오는 딱딱하고 추상적인 단어와 길고 복잡한 문장을 읽고, 낯선 내용이지만 정확하게 이해하기 위해 자신이 이해한 것이 맞는지 확인하는 등 메타인지를 활용하여 읽기를 해나가야 합니다.

이 시기에는 교과 내용이 어려워지기 때문에 글자를 눈으로 읽는데도 내용이 이해가 되지 않아 답답할 수도 있고, 알고 있다고 생각했는데 막상 이해한 것을 설명하기는 어렵게 느낄 수 있습니다. 탄탄한 배경지식은 읽기 속도와 능률을 높이므로 교과목과 관련된 참고도서를 읽거나, 박물관 견학과 같은 체험활동을 할 수 있도록 도와주세요. 다양한 활동을 통해 쌓인 지식과 개념은 점점 더 어렵고 추상적인 내용을 학습할 수 있는 토대가 됩니다. 이러한 시간을 보내고 나면 다양한 관점을 수용하며 글을 읽거나 읽기 목적에 따라 다양한 방식으로 독서를 할 수 있게 됩니다.

학습 능력의 발달, 쓰기 능력

초등 3학년 진수의 어머니는 진수의 공책을 볼 때마다 한숨이 나옵니다. 꼬불거리는 글씨체는 그렇다 치더라도 숫자까지 알아볼 수 없이 휘갈겨 쓰는 통에 도대체 어디부터 지우고 다시 쓰게 해야 하나 엄두가 나지 않습니다. 일기는 훨씬 가관입니다. '늦게 일어나서 아점을 먹고 동생하고 게임을 한 다음, 저녁엔 짜장면을 먹으며 TV를 봤다'라는 단조로운 짜임의 일기는 학교에 제출하라고 허락하기가 부끄러울 정도입니다. 글씨라도 좀 깨끗하게 쓰자고 하면 '손에 땀이 나서 힘들다' '손가락이 아프다'며 징징거리는 바람에 진수 어머니도 골치가 아프기 시작합니다.

쓰기는 초등학교에 입학하며 처음 경험하는 교육과정입니다. 마침표 사용법이나 띄어쓰기와 같은 문법도 초등 1학년 때 배우기 시작하기 때문에, 쓰기는 초등 1학년 아이들이 가장 낯설어하고 어려워하는 영역이지요. 하지만 초등 2학년이나 3학년이 되면 아이의 대부분이 소리를 글자로 정확하게 쓸 수 있습니다. 특히 자주 사용하는 단어나 짧은 단어는 정확하게 씁니다. 아직 친숙하지 않은 단어는 철자법에 맞지 않게 소리 나는 대로 따라서 쓸 수 있고, 훈련의 시간이 지나면 능숙해지지요.

진수는 글씨를 깔끔하게 쓰지 못하지만, 글자를 정확하게 쓰는 능력은 충분한 상태였습니다. 그러나 생각을 구성하거나 조직화하여 글을 쓰는 능력은 부족했지요. 초등 4학년이 되면 사실에 대한 의견을 쓰거나, 이야기를 읽고 이어질 내용을 상상하여 글 쓰는 연습을 통해 자기 생각을 글로 표현하는 훈련이 시작됩니다. 진수도 이 시간을 거치면 지금보다는 글의 내용을 정교화하여 쓸 수 있을 거예요. 초등 5학년이 지나면 글을 수정하거나 계획을 세워 글쓰기를 경험하게 되는데, 이때부터는 논리적이거나 창의적으로 글을 쓰는 능력이 키워집니다.

진수처럼 쓰기 자체를 좋아하지 않는 아이는 글을 쓰기 전에 글 쓰는 목표를 생각하고, 글에 들어갈 내용을 정리하는 계획 단계를 거치도록 지도해야 합니다. 일기를 쓰거나 독후감을 쓸 때 바로 글쓰기에 들어가지 말고, 어떤 내용을 쓸 것인지, 어떤 순서로 내용을 배치할 것인지 미리 계획해보게 하는 것이 좋습니다. 그리고 글을 쓴 후에는 소리 내어 자신의 글을 읽고, 전달하고자 하는 내용이 잘 드러나는지, 글의 구성이 적절한지 생각해보도록 하는 것이 쓰기 능력 향상에 도움이 됩니다.

필체와 철자법은 초등 저학년 시기에 훈련을 통해 어느 정도 발달하지만, 소근육 사용 능력이나 쓰기 활동의 선호도에 따라 아이의 역량 차이가 크게 드러납니다. 글씨를 예쁘게 쓰지는 못하더라도 또박또박 쓸 수 있도록 지도해주세요. 철자법의 경우 받아쓰기를 통해 점차 실력이 늘어납니다. 하지만 아이가 유독 이 부분에 취약하다면 어휘나 맞춤법 관련 책을 학습하도록 도와주는 것이 좋습니다. 작문 측면에서의 쓰기는 초등 고학년부터 청소년기 동안 천천히 발달하는 복잡한 기술입니다. 글을 쓰는 것은 틀에서 벗어나지 않고 자기 생각을 일관되게 기술해야 하는 인지적 노력이 많이 요구되는 일이기 때문입니다. 아이가 한 번에 멋진 글을 완성하기를 기대하기보다는 꾸준하게 글쓰기를 지속할 수 있는 환경을 만들어주세요. 저녁 시간에 온 가족이 함께 모여 하루를 되돌아보며 소감을 간단히 적어보거나, 그날의 대표 감정을 골라 그 감정을 선택한 이유에 대해 글을 써보는 등의 시간을 갖는 것도 아이의 쓰기 능력 향상에 도움이 됩니다.

학습 능력의 발달, 산수 능력

태호 어머니는 태호가 초등 2학년이 되어도 덧셈과 뺄셈을 할 때 손가락, 발가락을 사용해 걱정입니다. 다른 친구들에 비해 연산 속도가 느린 것 같아 문제집을 풀기 시작했는데, 빠르게 나아지지 않아 마음이 조급합니다. 학자들은 아이들이 수를 다루는 능력을 뱃속에서 가지고 태어난다고 이야기합니다. 보통 4개 이하의 수 세기는 직관적으로 이루어지며 말을 배우기 이전의 영아들도 그 차이를 구별할 수 있다고 합니다. 이 능력을 바탕으로 초등 입학 전의 아이는 본격적인 수 세기를 배우게 됩니다. 수를 정확하게 세기 위해서는 하나의 사물에 하나의 수단어를 할당해야 한다는 '일대일 대응 원리', 사물을 셀 때 '하나, 둘, 셋, 넷…'의 순서를 반드시 지켜야 한다는 '일정한 순서 원리', 집합에 속한 사물 중 마지막 사물에 할당된 수가 그 집합에 있는 사물의 개수를 나타낸다는 '기수성의 원리'를 정확히 알아야 합니다. 또한, 수 세기의 원리를 이해하고 나면 수 개념을 익혀야 합니다. '일, 이, 삼'이 서로 다른 수를 지칭함을 알아야 하지요. 그리고 주머니에 든 구슬 10개를 한 줄로 세우거나 두 줄로 세울 때, 두 줄로 세우면 길이가 짧아지지만 구슬의 개수에는 변함이 없음을 인지하는 수 보존 개념도 형성됩니다. 수 세기와 수 개념, 수 보존 개념이 형성되면 본격적으로 더하기와 빼기 등 기본적인 산수를 이해할 수 있게 됩니다.

산수를 처음 배우기 시작한 아이는 손가락이나 말로 수를 세며, 수를 보다 능률적으로 다루기 시작합니다. 하지만 하나하나 손가락이나 말로 수를 세는 방법은 인지적 노력이 많이 들어갑니다. 다행히 더하거나 빼는 산수 문제를 반복적으로 학습하고 경험하면, 수를 세는 것이 아니라 기억되어 있는 더하기 지식을 인출하는 방식으로 계산을 하게 됩니다. 4+6이라는 문제를 풀 때 4+4의 답을 기억해서 인출한 답에 2를 더하거나, 9+5라는 문제를 풀 때 9에 1을 먼저 더하여 10을 만들고, 남아있는 4를 10에 더하여 14라고 답을 말하는 식이지요.

아직 연산이 익숙하지 않은 초등 1학년 아이는 손가락이나 주변의 사물로 덧셈과 뺄셈을 하는 것이 수를 정확히 헤아리는 훈련을 하는 것과 수의 양을 추론하는 능력을 발달시키는 데도 도움이 됩니다. 태호도 산수에서 지금 이 단계에 머물러있지요. 하지만 초등 2학년에는 손가락과 발가락을 이용하지 않고도 큰 수의 덧셈과 뺄셈을 해내야 합니다. 학교 학습에 뒤처지지 않도록 연산 훈련을 꾸준히 하는 것이 태호에게는 필요합니다.

수학 문제를 풀기 위해서는 지문의 내용, 제시된 숫자 등을 모두 기억해야 하는데, 문제에 제시된 정보의 양이나 문제를 풀기 위해 연산을 해야 하는 횟수가 늘어날수록 작업기억은 부담을 느낍니다. 그렇기에 연산의 훈련이 필요한 것이지요. 연산 훈련의 중요성은 작업기억의 용량과 관련이 있습니다. 가령 4+5나 7×8 등의 기본적인 계산을 반복하면 더하거나 빼기, 곱하기나 나누기의 값이 하나의 기억으로 저장되어, 하나하나 셈을 하지 않아도 정확하고 빠르게 인출됩니다. 연산이 자동적이 될수록 연산에 필요한 작업기억의 용량이 줄어들기 때문에, 여유가 생긴 작업기억의 용량을 문제의 중요한 조건을 기억하거나 풀이 과정을 계획하는 데 사용할 수 있지요. '15와 45의 약수를 각각 구하고, 공약수와 최대 공약수를 구하라'는 문제를 푼다고 생각해보세요. 각 숫자의 약수를 구하기 위해 각 수의 나누어떨어지는 수를 하나하나 적으면서, 이 문제가 요구하는 것이 약수뿐만 아니라 공약수와 최대 공약수도 구하는 것임을 기억해야 합니다. 즉, 연산과 동시에 문제가 요구하는 조건도 잊지 않아야 하지요. 이처럼 복잡한 문제일수록 기억할 것이 많아집니다. 따라서 연산 훈련을 통해 작업기억의 부담을 줄여야 하지요.

어쩌다 연산 실수를 하는 것이라면 괜찮지만, 전반적으로 연산의 속도와 정확도가 떨어진다면 초등 4학년이 되기 전에는 연산을 잘 해낼 수 있도록 도와주세요. 4학년이 되어 분수와 소수의 계산을 접하면 이전에 배웠던 자연수의 체계와 일치하지 않는 개념을 새롭게 익혀야 하므로 아이는 수학이 갑자기 어려워졌다고 느낍니다. 이때 연산을 잘 해내는 아이는 개념을 익히는 데에만 집중하면 되므로 수월하게 이 시기를 넘어갑니다. 5학년이 되면 분모가 다른 분수를 활용하는 문제가 늘어나면서 사칙연산은 물론 약수와 배수의 개념도 정확히 알고 있어야 하고, 어느 하나의 영역이 부족하면 문제를 제대로 풀기가 힘들어집니다. 그러므로 늦어도 3학년 때 연산 실력을 탄탄히 쌓아야 합니다.

다른 인지기능과 마찬가지로 산수 능력도 지속적인 학습 경험을 통해 견고해집니다. 문제가 풀리지 않을 때 여러 방법을 시도해보거나 반복적으로 풀이에 성공한 경험은 산수 지식으로 뇌에 저장되어 다음 단계의 학습을 해나가는 데 중요한 토대가 됩니다. 규칙성, 도형, 측정 등 수학 교과의 전체 영역을 고루 다루는 문제집을 푸는 과정에서 수학적 사고력이 키워지면 자연스럽게 연산 실력이 좋아지는 아이들도 있습니다. 수학 교과의 개념을 설명해놓은 동화책을 읽거나, 수학자에 대한 위인전을 읽고 수학에 흥미가 생기는 아이들도 있지요. 연산 문제를 지루해하는 아이라면 수학의 다양한 영역을 만나 능력을 쌓아나갈 수 있도록 도와주세요.

수학 능력의 차이를 연구하는 학자들은 수학 공부에 들이는 시간, 연산과 수학을 사회적으로 얼마나 중요하게 여기는지가 수학 능력에 영향을 미친다고 주장합니다. 또한 수학 개념을 충분히 이해했는지 질문하고 이에 대해 평가하는 과정이 수학 능력을 높인다고 이야기하지요. 이러한 연구 결과를 보면 결국 수학도 타고난 능력이 아니라 반복되는 학습과 주변 환경이 중요함을 알 수 있습니다. 수학이 타고난 능력에 의해 결정된다고 믿는 부모는 아이의 수학 성적을 어쩔 수 없는 일로 받아들입니다. 하지만 수학 능력이 노력과 훈련을 통해 결정된다고 믿는 부모는 아이가 더 열심히 공부하도록 요구하고 응원합니다. 수학이 힘들다고 징징거리거나, 자기는 '수포자'이니 내버려 두라며 당당하게 주장하는 아이가 있다면 수학 공부 시간을 충분히 가질 수 있도록 도와주세요. 연습은 좋은 성과를 가져오고, 좋은 성과는 유능감을 높이며, 유능감은 공부에 대한 의지를 불러일으킵니다.

지능 발달을 돕는 부모 역할

아이가 자신의 변화를 관찰할 수 있는 질문을 던져주세요

초등 시기를 보내며 아이는 자신이 무엇을 잘하고 어떤 부분에서 우수한지 정확하게 평가할 수 있습니다. 초등 고학년이 되면 자신이 현재 잘하는 분야에서 앞으로도 계속 잘해나갈 것으로 예측합니다. 중요한 점은 자신의 실력을 객관적으로 평가할 수 있는 나이가 되면 자신이 잘한다고 생각하는 영역에서 더 높은 동기를 보인다는 것입니다. 그러므로 아이에게는 노력을 통해 이룬 성장과 변화의 과정을 지지하고 격려하는 부모의 칭찬이 필요합니다. 부모의 칭찬은 아이가 무엇을 잘할 수 있는지 구체적으로 지각할 수 있도록 도와주기 때문이지요. 이때 아이는 자신이 뭐든 해낼 수 있는 사람이라고 믿게 되고, 앞으로도 자신의 노력이 자신을 발전시킬 것이라고 확신합니다.

어려운 수학 문제를 전보다 수월하게 풀 때, 영어 단어를 전보다 정확하고 빠르게 외울 때, 읽은 책의 내용을 전보다 조리 있게 이야기할 때 아이의 변화를 놓치지 말고 기쁨을 부모의 언어로 표현하여 들려주세요. 잘 해나가고 있다는 피드백을 지속해서 받을 때 아이는 그러한 행동을 유지할 수 있습니다.

03

지능 발달을 이끄는 공부 대화 솔루션

부모의 속이 터질 때가 아이에겐 성장의 순간입니다

모든 부모는 아이의 공부를 봐주며 '왜 이걸 못 알아듣지?' 하며 답답했던 경험이 있을 겁니다. 초등 저학년 아이와 숨은그림찾기를 하거나 퍼즐을 맞출 때, 완벽한 힌트를 줘도 아이가 알아차리지 못할 때 정말 한숨이 절로 나오지요. '도대체 얘는 무슨 생각을 하는 걸까?' 이해가 안 되는 순간에 기억하세요. 아이와 부모는 정보를 받아들이고 처리하는 인지 과정에서 하늘과 땅처럼 큰 차이가 있습니다. 그리고 아이가 부모와 지능이 비슷해지려면 뇌의 성숙과 수많은 연습의 시간이 필요합니다.

사람마다 정보를 획득하고 처리하는 방식에 차이가 있습니다. 정보를 전체적으로 훑어보며 직관적으로 접근하는 사람이 있는가 하면, 세부적인 부분부터 꼼꼼하게 분석적으로 보는 사람도 있습니다. 정보에 접근하는 방식에서 사람마다 선호도가 다른 것이지요. 그리고 정보를 다루는 능력이나 기술에도 차이가 있습니다. 기억력을 평가할 때 초등 고학년 아이는 주어진 정보를 기억한 후 잊어버리지 않기 위해 입으로 계속 중얼거리며 시연하는 기억전략을 사용하는 반면, 7세나 초등 1학년 아이의 경우 이러한 기억술을 사용하는 경우가 적습니다. 초등 6년 동안 이루어지는 뇌의 성장과 이러한 성장을 자극하는 도전적인 환경 속에서 아이가 뇌를 사용하는 기술은 점차 정교해집니다.

중요한 점은 객관적으로 주어진 정보를 받아들이고 분석적으로 처리하는 능력은 이러한 인지능력을 사용하려는 동기가 함께 증가해야 더 자주, 더 많은 상황에서 사용하게 된다는 것입니다. 숙제할 땐 대충 문제를 풀어 실수가 잦았던 아이가 시험에서는 실수를 덜 한다든지, 실수할 경우 벌칙을 주겠다고 하면 평상시와 달리 집중해서 완벽하게 문제를 풀어내는 아이들을 떠올려보면 쉽게 이해될 겁니다. 연산을 정확하게 할 수 있는 초등 고학년 아이가 자주 연산 실수를 하는 것은 능력 부족이라기보다 정보를 분석적으로 처리하는 인지 기술을 사용하려는 동기가 낮기 때문으로 볼 수 있지요. 어림하고 짐작하는 사고 과정보다 합리적이고 분석적으로 사고하는 것은 많은 에너지가 필요하므로 아이의 의지가 중요합니다. 그러면 아이의 동기를 어떻게 자극할 수 있을까요?

솔루션 1.
수학 문제 풀이로 유동추론 능력 높이기

솔이는 말이 빠르고 주변 분위기를 금방 알아차리는 아이입니다. 책 읽기도 좋아하고 언어적 표현력도 뛰어나서 초등 입학 후 수업 시간에 늘 발표도 적극적으로 하고 집중도 잘하며 지내왔지요. 최근 솔이가 초등 3학년이 되어 수학 학원에 다니기 시작하면서 솔이 어머니는 고민에 빠졌는데요. 솔이가 학원 수업은 열심히 잘 듣고 오지만, 막상 집에 와서 숙제할 때는 너무나도 힘들어했기 때문입니다. 별로 많은 양의 숙제도 아닌데, 빨리 끝내질 못하고 계속 책상 앞에 앉아 있습니다. 힘들면 숙제를 다 못 해도 괜찮다고 말하면 오히려 울면서 화를 냅니다. 그렇다고 하나하나 방법을 가르쳐주며 숙제를 도와주자니 이러면서까지 학원을 보내야 하나 한숨이 나옵니다. 국어나 사회, 영어 과목은 학교에서 배운 내용만으로도 충분히 잘 따라가고 문제집도 빠르게 잘 푸는데, 유독 수학만 힘들어하니 이 문제를 어떻게 해결해야 할지 답답합니다.

언어 능력이 뛰어난 아이는 국어나 영어 과목, 개념을 이해하는 것이 중요한 사회, 이야기가 있는 역사 과목을 선호합니다. 솔이는 뛰어난 언어 능력에 비해 유동추론 능력의 발달이 더뎌 혼자 문제를 풀거나 추상적인 개념을 스스로 익혀야 할 때 어려움을 느끼고 있습니다. 솔이 같은 아이는 수학 과목에서는 학교나 학원에서 선생님이 설명해주는 내용을 들을 때는 충분히 이해했다고 느끼지만, 막상 배운 내용을 새로운 유형의 문제에 창의적으로 적용하려고 할 때 막막해합니다. 자신이 알고 있다고 생각한 부분에서 막히니 답답하고 짜증 나는 감정 때문에 문제를 해결하기 위한 사고의 기능이 제대로 활약하지 못하는 것이지요.

솔이처럼 언어 능력이 높고 유동추론 능력이 낮은 아이는 자신이 쉽게 이해한 만큼 문제도 쉽게 풀리리라 기대하지만, 그렇지 않으면 공부가 더욱 힘들고 어렵게 느껴집니다. 배움의 속도가 빠르다 해도 문제의 요구에 맞추어 자신이 알고 있는 내용을 응용하기 위해서는 여러 번의 훈련이 필요합니다. 문제 풀이를 통해 자신이 이해한 내용을 정교화하는 시간이 있어야 하지요. 특히 수학 과목에서 개념을 쉽게 이해해도 그 개념을 문제에 적용하는 것을 어려워하므로 응용 수준의 문제를 풀어보고 주로 틀리는 유형의 문제를 반복해서 학습할 필요가 있습니다. 반복을 통해 문제에서의 실수가 줄어드는지, 새로운 유형의 문제를 능숙하게 풀 수 있는지 살펴보고, 노력을 통해 성장한 모습을 구체적으로 언급하여 칭찬해주세요. 구체적인 칭찬을 통해 아이는 무엇을 해야 할지 스스로 방향을 찾아 나갈 수 있습니다.

수학 공부 내용을 확인하여 아이가 노력한 부분에 다음과 같이 긍정적인 피드백을 합니다.

"수학 문제집 다 풀었어? 수고했어. 가서 놀아." —————————— ✖

"이 문제집의 C단계 응용문제는 쉽지 않은데 개념 이해가 탄탄해서 문제도 잘 풀었구나. 이건 왜 이렇게 푼 거야? (아이의 설명이 완벽하지 않더라도 끝까지 들어주며) 그래. 수고했어. 개념을 문제에 잘 적용해서 풀었구나." —————————— ✓

아이가 개념은 명확히 알고 있으나 문제에 접목하기 어려워할 경우에는 문제 풀이에 필요한 개념을 떠올리도록 질문하여 응용력을 높여주세요.

"다시 한번 생각해봐. 그렇게 어려운 문제 아니야." —————————— ✖

"문제집 앞에 개념 설명 부분에서 어느 개념을 이 문제에 활용해야 할지 찾아봐. (아이가 스스로 찾지 못하면 부모가 찾아 가리키며) 삼각형의 세 각의 크기가 180°이구나. 그러면 이 문제를 어떻게 풀 수 있을까?" —————————— ✓

유동추론 능력이 낮은 아이가 수학 과목을 특히 어려워하는 이유는 도형이나 도표를 다루거나 수를 다루는 데 익숙하지 않기 때문입니다. 수학을 좋아하지 않았던 부모라면 아이에게 수학을 지도하는 것이 더 막연하고 어렵게 느껴질 수 있습니다. 하지만 너무 걱정하지 마세요. 요즘 수학 문제집은 문제 풀이 과정을 해답지에 자세하게 설명해놓거나 동영상으로 제공합니다. 이러한 자료를 활용하는 방법도 좋습니다.

언어 능력이 우수한 아이는 선생님의 설명을 듣는 동안 자신이 다 이해했다고 착각하여 개념학습을 소홀히 하기도 합니다. 그러나 개념에 대한 이해가 부족하면 풀이 전략을 적절히 세우지 못하고 헤맬 수 있습니다. 그럴 때는 아이가 개념을 자신의 방식으로 표현하도록 지도하는 것이 좋습니다. 어려워하는 과목에 언어 능력의 장점을 활용하는 것이지요. 만약 아이가 원의 넓이를 공부했다면, 원의 넓이를 구하는 공식이 도출되는 과정을 직접 설명해보도록 지도하세요. 학교에서 배운 내용이지만 직접 개념을 정리하는 과정에서 보다 명확히 이해할 수 있게 됩니다.

언어 능력이 우수한 아이는 모르는 어휘가 나와도 문맥을 통해 잘 유추하기 때문에 국어나 사회 교과가 어려워져도 크게 당황하지 않습니다. 그러나 초등 고학년이 되어 추상적인 수학 개념을 배우거나 길고 복잡한 문제를 풀어야 하면, 문제에 주어진 조건이나 문제 풀이에 활용할 개념을 추론해내기 어려워합니다. 수학 문제를 열심히 소리 내서 읽지만, 그 내용이 머릿속에 그려지지 않으니 막막하기만 하지요. 이때 "한 번 더 생각해봐"라는 부모의 말은 아이의 마음을 억울하게 합니다. 자신은 최선을 다했는데 부모가 자신의 노력을 몰라주니 섭섭한 것이지요. 그리고 스스로 실패했다고 여기기 때문에 다시 해보라는 부모의 말은 불가능한 걸 가능하게 만들라고 윽박지르는 것처럼 느껴집니다. 이때는 지문을 끊어서 읽거나 문제에 적용할 개념을 설명 부분에서 찾아보라고 안내하고, 아이가 어떤 절차를 거쳐 생각해야 할지 하나하나 설명해줄 필요가 있습니다.

반복적으로 문제를 풀어보고, 풀이 과정을 검토해보는 시간은 유동 추론 능력을 높이는 데 도움이 됩니다. 단순히 문제를 풀고 끝나는 것이 아니라 어떤 개념을 활용하여 푼 것인지, 풀이 과정에서 실수했던 이유는 무엇인지 아이가 스스로 생각해보게 만들기 때문이지요. 또는 아이의 풀이 과정과 해답지의 풀이 과정을 비교해보고 어디서 실수가 시작되었는지 찾아보게 하는 것도 좋습니다.

아이가 개념을 정확히 알고 있는지 확인하세요. 초등 6학년에 배우는 '비와 비율'은 아이들이 수학에서 어려워하는 단원 중 하나입니다. 비를 표현할 때 앞에 오는 수와 뒤에 오는 수가 바뀌면 전혀 다른 비가 되는데요. 보통 많은 아이가 이 부분을 어려워합니다. 비에서는 앞에 오는 수가 '비교하는 양'이고, 뒤에 오는 수가 '기준량'입니다. 그리고 비를 읽을 때 '~에 대한'에 해당하는 수가 '기준량'입니다. 다음 문제를 함께 살펴봅시다.

'3:2(비교하는 양:기준량)'을 읽는다면?

▼

3대 2 / 3과 2의 비 / 3의 2에 대한 비 / 2에 대한 3의 비

[문제] 정삼각형을 다음과 같이 나누었습니다. 정삼각형 ㄱㄴㄷ의 넓이에 대한 삼각형 ㄹㅁㅂ의 넓이의 비를 구하시오.

이 문제의 첫 단계는 삼각형 ㄱㄴㅁ이 정삼각형 ㄱㄴㄷ 넓이의 반이며, 삼각형 ㄱㅁㄹ, 삼각형 ㄹㅁㅂ, 삼각형 ㅂㅁㄷ은 밑변과 높이가 동일하므로 넓이가 같다는 것을 알아내는 문제입니다. 즉, 삼각형 ㄹㅁㅂ의 넓이는 정삼각형의 1/6이 되지요. 넓이의 비는 '비교하는 양:기준량'으로 표현해야 하므로 '1:6', 혹은 '6에 대한 1의 비'로 표현하는 것이 맞습니다. 이때 아이가 비에 대한 개념을 헷갈려 한다면 '6:1'이나 '1에 대한 6의 비'로 답을 작성할 수 있습니다. 아이는 단순 실수라고 생각할 수 있지만, 개념에 대한 이해가 제대로 되지 않은 것일 수 있으니 정답의 이유를 설명하게 하여 확인하세요.

다음은 문제 풀이 전략을 세우기 어려워하는 아이와의 소통 방법입니다. 난도가 높은 문제를 어려워한다면 살짝 힌트를 주어 문제해결에 대한 동기를 높여주세요. 문제를 다 푼 다음에는 개념과 풀이 전략을 다시 한번 새길 수 있도록 질문해주세요.

"좀 생각해봐. 배운 건데 왜 몰라!" ✖

"해답지를 한 줄씩 읽어줄게. 듣고 어떻게 풀어야 할지 알겠으면 중간에 'STOP!' 이라고 외쳐. (아이가 풀이를 마친 후) 이 문제는 어떤 개념을 활용해서 푸는 문제 였어?" ✔

아이의 강점 능력인 언어 능력을 활용하여 아이가 배운 내용을 제대로 숙지하고 있는지 확인하세요.

"(부모가 풀이 과정을 설명해줌) 다시 풀어봐. (아이가 풀어냄) 잘했네." ✖

"(부모가 풀이 과정을 설명해줌) 이제 네가 다시 해보자. 어떻게 풀지 설명해줘. (말로 풀이 과정을 설명한 후 종이에 그대로 풀어보도록 함) 그래. 어떻게 풀지 생각한 대로 잘 풀었구나." ✔

"(부모가 풀이 과정을 설명해줌) 지금은 풀 수 있겠어? (아이가 그렇다고 대답하면) 그럼 아까 네가 혼자 풀 때 놓쳤던 부분은 뭘까?" ✔

솔루션 2.
좋아하는 공부만 하려고 고집부리는 아이 설득하기

초등 6학년 찬우는 일기 쓰기나 독후감 같은 활동은 질색이고, 영어 단어 암기는 쓸모없다고 생각해 숙제할 때마다 늘 투덜거립니다. 하지만 수학은 찬우가 제일 좋아하는 과목입니다. 수학 문제를 풀기 위해 이리저리 고민하는 시간이 즐겁고, 힘들게 문제를 풀어내 정답을 확인하면 쾌감이 느껴지기도 합니다. 수학을 공부할 때는 머리가 좋아지는 느낌이 들고 제대로 공부한다는 생각이 드는데, 영어 단어를 반복해서 암기하거나 사회나 역사 공부는 중요한 부분을 찾기가 어렵고 그저 따분하게만 느껴져 늘 건성으로 공부합니다. 책도 좋아하는 종류가 분명한데요. 수학이나 과학에 관련된 책이나 추리소설은 즐겨 읽지만, 문학작품이나 시, 역사, 위인전 같은 책은 부모의 잔소리에 떠밀려 어쩔 수 없이 읽습니다.

시공간 능력과 유동추론 능력이 높은 아이는 문제해결의 과정에서 다양한 정보를 떠올리는 특성이 있습니다. 특히 찬우는 자신의 관심사에 관한 정보는 광범위하게 탐색하고, 독특한 상상력을 발휘하여 문제를 해결하는 '확산적 사고'를 하는 유형의 아이입니다. 찬우 같은 아이는 독창적인 활동을 좋아하며, 평범하거나 단계와 절차에 맞추어 자료를 다루는 일은 어려워합니다.

자신이 관심 있는 분야에는 몰두하며 모든 것을 알아내려고 애쓰지만, 학교나 가정에서 요구하는 과제와 학습 태도는 거부하기에 학습지도를 하기가 어렵습니다.

수학 과목에서도 어려운 수학 문제에는 큰 흥미를 보이면서, 막상 단순 연산에서는 실수가 잦으니 찬우 어머니는 찬우를 이해하기가 어려웠습니다. 마음만 먹으면 할 수 있을 것 같은데, 뺀질거린다고 생각해 찬우를 많이 혼내고 다그쳤지요. 찬우의 지능 검사 결과에서 언어이해나 작업기억, 처리속도 지표의 점수는 평균이지만, 시공간과 유동추론 지표는 매우 우수했음을 생각해보면 지능 특성이 찬우의 교과 선호도에 큰 영향을 미쳤음을 알 수 있습니다.

시공간 능력과 유동추론 능력이 높은 아이는 논리적으로 추론하는 것을 좋아하기 때문에 부모와 대화할 때도 설득하거나 토론하듯 이야기하려고 합니다. 영어나 역사 과목이 왜 중요한지 설명해달라거나, 영어는 필요할 때 공부하면 되지 왜 지금 꼭 해야 하냐는 등 자신만의 논리로 주장하며 좀처럼 타협하지 않으니 부모는 매우 곤란하지요. 좋아하고 중요하게 생각하는 과목만 하고 싶은 마음은 이해하지만, 자신의 능력을 균형감 있게 가꾸어나가기 위해서는 다른 영역의 학습도 필요합니다.

수학이나 과학에 관심이 높은 아이라면 커서 이루고 싶은 꿈을 구체화해보세요. 만약 로봇공학자가 꿈이라면 커리어넷과 같은 진로 정보를 알려주는 사이트에 들어가 어떤 적성과 흥미가 필요한지 함께 찾아보세요. 로봇공학자가 되려면 수학과 과학을 잘하는 것도 필요하지만 인간의 생각과 행동을 이해해야 어떤 로봇을 만들지 판단할 수 있습니다. 그리고 혼자서 로봇을 만들 수 있는 것은 아니니 의사소통 능력도 갖추어야겠지요. 외국에 나가 다른 나라의 학자들과 협업을 할 수도 있습니다. 이처럼 좋아하는 일을 위해서 자신에게 필요한 것들 채워나가는 것도 중요한 일임을 알려주세요. 또한 선호도가 분명한 성향의 아이들인 만큼 좋아하는 것은 확실히, 싫어하는 부분은 조금씩 꾸준히 공부할 수 있도록 계획을 세워주세요. 하기 싫은 일을 할 때 누구나 기분이 좋지 않습니다. 아이도 아마 툴툴거리거나 싫은 표정을 지을 수 있어요. 이때 아이의 감정을 달래주거나 좋아지게 하려고 애쓰기보다는 불편한 감정을 느끼며 동시에 자신이 해야 할 일을 끝까지 해나가는 아이의 인내력과 책임감을 칭찬해주세요.

추론 능력이 높은 아이는 자기 생각이 확고해서 부모의 의견을 쉽게 수긍하지 못합니다. 평가하거나 충고하는 듯한 표현은 조심하고, 아이가 스스로 시행착오를 겪으며 생각해볼 시간을 주세요. 부모의 의견을 따르지 않으려 한다면 일정 기간 시도해본 후 다시 의견을 나눠보자고 말미를 주세요. 그리고 기간과 학습 방법을 구체적으로 아이에게 제시해주세요. 이때 아이의 문제를 해결하겠다는 태도가 아니라, 아이에게 도움이 되는 방법을 부모와 함께 찾아보자는 태도로 이야기를 전달하기 바랍니다.

"영어도 공부해야지! 영어 단어 시험 점수가 이게 뭐야!" ⸺⸺⸺ ✖

"영어를 좋아하지는 않지만 중요하다는 건 알고 있지? 단어 시험 점수를 80점으로 높이려면 어떤 노력을 해야 할까? (아이의 생각을 들어도 좋지만, 아이가 아무 말도 하지 않는다면 다정하게 기다려줍니다) 지금까지 단어를 2번 정도 읽어 보고 학원에 갔으니 오늘부터는 잘 안 외워지는 단어는 따로 5번씩 써보는 건 어때? 이번 주에 엄마가 저녁 먹고 여유가 있으니 그때 같이 해보자. 한 주 해보고 단어 시험 점수에 변화가 있는지 살펴본 후 다시 이야기해보자." ⸺⸺ ✅

추론 능력이 뛰어난 초등 고학년 아이는 상황에 대한 판단력이 뛰어나 또래 친구들에 비해 어른스럽게 행동합니다. 학습적인 측면에서 주변의 인정과 칭찬을 많이 받아왔기 때문에 자신에 대한 긍지가 강한 경향도 있지요. 가정에서도 존중하는 태도로 아이를 지도하는 것이 중요합니다.

"어차피 할 일인데 왜 이렇게 짜증이야!" ⸺⸺⸺⸺⸺ ✖

"아빠도 하기 싫은 일을 할 때 짜증이 나. 하지만 참고 끝까지 하거든. 너도 아빠랑 똑같구나. 해야 할 일을 끝까지 해내는 건 책임감 있는 행동이야. 많이 컸구나." ✅

솔루션 3.
시간이 부족한 아이의 학습 속도 끌어올리기

초등 6학년 호진이 어머니는 뭐든 느릿느릿 의욕이 없어 보이는 호진이로 인해 늘 속이 탑니다. 학교 갈 준비를 하는 데도, 밥을 먹는 데도 3살 어린 동생보다 오랜 시간이 필요합니다. '크면 나아지겠지' 하며 참고 견뎠는데, 6학년이 되어서까지 이러니 이제는 매일 아침마다 소리 지르는 일이 일상입니다. 학교나 학원에서는 좀 느긋하긴 하지만 잘 지낸다고 합니다. 문제는 집에서 발생하는데요. 고학년이 되면서 학교 수업이 늘어난 데다 학원에 가는 횟수와 시간도 늘었는데, 호진이의 행동이 빨라지지 않으니 늘 호진 어머니가 애타는 상황이 벌어지는 것입니다. 학원 셔틀 시간에 맞춰 내보낼 때도, 자기 전에 숙제를 마무리할 때도 어머니는 급한데 호진이는 늘 태평합니다. 호진 어머니는 호진이가 동기가 낮아서 행동이 느린 것인지 궁금합니다.

호진이는 언어 능력과 유동추론 능력이 높은 편인데, 이런 아이는 자신의 학년보다 높은 수준의 학습을 쉽게 해냅니다. 다양한 교과에서 좋은 성적을 보이고, 학습 자체에 흥미를 느끼며 즐겁게 공부하지요. 호진이의 문제는 처리속도가 느려 정해진 과제를 시간 안에 해내기 어렵다는 데 있었습니다. 빠르게 문제를 풀어야 하는 상황에서 시간은 부족하고 마음은 급해지니, 쉬운 부분조차 놓치고 실수를 반복했습니다. 머릿속에서 생각은 빠르게 움직이는데 시각 운동 속도나 소근육의 조작이 느리니 마음속으로 무척 답답했을 거예요. 생각나는 대로 무언가를 빠르게 쓰고 싶은데 손으로 풀이 과정을 정리하려니 몸이 마음처럼 따라주지 않고, 쓰기에 집중하다 보면 머릿속에 정리해둔 생각이 금방 사라져서 짜증이 나지요. 언어 능력과 추론 능력이 높아 지능이 우수하지만, 평균 수준의 기억력과 느린 처리속도로 인해 호진이는 친구들보다 늘 자신이 부족하다고 생각하고 스스로 낮게 평가하는 편이었습니다.

호진이 같은 유형의 아이는 말로는 잘 설명하면서 문장으로 쓰기는 어려워하거나, 문제의 지문은 정확히 이해했으나 풀이를 하는 과정에서 실수하는 모습을 자주 보입니다. 처리속도가 낮은 이유가 신중하고 완벽함을 추구하는 기질적인 특성으로 인한 것이라면 부모가 아무리 다그쳐도 행동이 쉽게 변화하지 않습니다. 확신하다가도 다시 살펴보고, 답을 쓸 때도 정확하게 작성했는지 여러 번 확인하다 보니 속도가 느려지는 것이지요.

이런 부분은 문제를 틀리는 것이 실패가 아니라 확실하게 알아나가는 과정이라는 점을 받아들이면서 점차 나아집니다. 또한 언어 능력과 유동추론 능력이 높은 아이는 어른들의 말의 뉘앙스를 정확하게 파악합니다. 특히 부모가 자신의 허물을 이야기할 때 자존심이 크게 상하니 반드시 주의해주세요.

처리속도는 시각의 이동 속도나 소근육 조작 능력의 영향을 받습니다. 빠르게 달리고 싶어도 몸이 마음을 따라주지 않는 것처럼 처리속도가 느린 아이는 시각과 소근육이 빨리 움직여주지 않습니다. 그러니 목표 시간 안에 해내지 못해도 괜찮다고 말해주세요. 시간 안에 완성하지 못하면 "우리가 시간을 너무 짧게 정했구나. 다음에는 여유롭게 시간을 잡자" 정도로 이야기하고 마무리하면 됩니다. 시간 내에 완수하는 것이 목표가 아니라 자신의 수행에 시간이 얼마나 걸리는지 파악하도록 하는 것이 핵심입니다. 오래 걸리더라도 계획한 시간 안에 마무리하기를 성공으로 삼으세요.

"숙제를 마칠 시간이 한참 지났는데 아직도 다 못 하면 어떻게 해!" ──────── ✖

"오늘 해야 할 숙제가 뭐야? (아이와 해야 할 일의 개수를 세어봅니다) 이 과제를 마치는 데는 시간이 얼마나 필요할까? (아이의 이전 수행 속도를 가늠하여 대략적인 목표 시간을 정합니다) 그러면 우리 그때까지 얼마나 할 수 있는지 한번 해보자. ──────── ✓

소근육 사용 능력이 덜 발달한 아이는 풀이 과정을 쓰는 것이 매우 고된 노동으로 느껴집니다. 다른 아이들처럼 수행하도록 요구하면 아이가 무력감을 느껴 오히려 더욱 학습 속도가 느려질 수 있습니다. '할 수 있겠어!'라는 마음이 드는 수준에서 조금씩 쓰기 과제량을 늘려나가주세요.

"풀이식을 끝까지 써야 실수를 안 하지! 이게 뭐가 귀찮다고 그래!" ⊗

"쓰는 데 시간이 오래 걸리니 모든 문제의 풀이식을 꼼꼼히 쓰기가 힘들겠다. 오늘 풀 문제 중에 풀이식을 청확하게 써볼 문제를 5개 골라볼까?" ✅

아이의 실패, 한계입니까? 기회입니까?

어떤 아이는 학습 능력이 빠르게 발달하지만, 어떤 아이는 더디게 발달합니다. 저 역시 세 아이의 부모이다 보니 다른 아이들에 비해 아이가 뒤처질 때 느껴지는 부모의 조바심에 대해 깊이 공감합니다. 소신 있게 기르자고 마음을 먹지만, 주변 이야기를 들으면 아이의 학습 속도와 분량에 좀 더 욕심을 내야 하는 건 아닌가 불안해지지요. 하지만 초등 아이는 성장하고 있고, 지금의 실패가 아이의 한계를 의미하지 않습니다. 아이의 지능 결과가 평이하다는 사실에 실망한 부모님들이 이런 질문을 합니다. "혹시 지능도 바뀌나요?" 학자들은 지능이 안정적이라고 이야기하지만, 제 경험에서 만난 아이는 그렇지 않았습니다. 특히 성장기의 아이는 더더욱 그렇고요.

아이의 학습에서 우리가 초점을 맞춰야 할 부분은 성취도가 아니라 태도입니다. 작은 유혹과 게으름을 피우고 싶은 마음을 이겨내고 자신의 하루를 실천하는 아이는 쉽게 무너지지 않습니다. 때론 실패와 좌절의 순간이 있겠지요. 하지만 그것을 딛고 일어서는 아이들에게는 실패가 결말이 아니라 성장의 기회일 것입니다.

지능의 강점은 소나기처럼, 약점은 가랑비처럼

초등 시기는 학습력을 키워나가는 시기입니다. 주의력이 부족하다면 주의력을 높일 수 있는 공부 환경을 만들거나 자신에게 알맞은 학습 지속 시간과 학습량을 찾아내야 하지요. 언어 능력이 부족하다면 속담이나 유의어 및 반의어가 나온 책을 읽거나, 교과서에 나온 어휘의 의미를 설명하는 연습이 필요합니다. 시공간 능력을 높이고 싶다면 도형을 직접 그려보거나 색종이로 만들어볼 수 있고, 추론 능력을 높이기 위해 수학 학습 시간을 늘리거나 부족한 영역의 문제집을 추가로 풀어보는 것도 좋습니다. 기억력을 보완하기 위해 역사 시간에 배운 내용을 연대표로 직접 만들어보거나, 과학 수업에 작성한 실험 보고서의 핵심 내용을 암기 노트에 적을 수도 있지요. 처리속도를 높이기 위해 매일 같은 양의 독해력 문제집을 풀며 시간을 체크해볼 수도 있습니다.

초등 아이들에게 이러한 시간은 분명히 필요합니다. 그러나 부족한 부분을 훈련하는 매 순간 아이는 자신의 한계에 부딪히고, 그 한계를 마주하기 힘들어합니다. 더는 해낼 수 없다는 마음이 들고, 지금도 충분히 최선을 다했다는 생각이 들어 멈추고 싶어집니다. 하지만 그 순간 한 번 더 시도하려는 도전이 아이의 변화를 가져옵니다.

그렇다면 자신감을 잃고 포기하려는 아이들에게 힘을 불어넣어줄 방법은 무엇일까요? 아이들에게는 자신의 유능감을 잃지 않도록 도와줄 부모가 필요합니다. 아직 미숙하지만 부족함을 채우려는 노력이 아이의 최선임을 아는 부모, 단점과 강점은 동전의 양면과 같음을 아는 부모, 해야 할 것이 많이 남았지만 이루어낸 지난 과정을 소중히 여겨주는 부모, 아이가 도전해보고 싶도록 응원하는 부모, 자신의 한계보다 능력을 일깨워주는 부모, 아이는 부모의 이러한 모습에서 에너지를 얻습니다.

아이의 부족함을 채우려 노력하지 마세요. 자신의 미흡한 부분에 초점을 맞추는 부모 밑에서 자란 아이는 자신이 부족한 사람이라고 여기게 됩니다. 초등 아이를 둔 부모들에게 제가 늘 건네는 말이 있습니다. 이 시기는 아이의 미숙함이 크게 보이는 때라는 말이지요. 하지만 아이에게도 장점이 분명히 있습니다. 아이가 흥미를 보이고, 열성을 다하는 분야가 있을 거예요. 놀이터에서 놀 때만 신이 나는 아이라 장점을 찾기 어렵다고요? 이 아이는 대근육을 사용하거나 다른 사람과 협업할 때 유능함이 발휘되는 아이일 수 있습니다. 팽이나 클레이에만 빠져있는 아이가 걱정되나요? 이 아이는 소근육을 사용하여 도구를 섬세하게 다루고 세심한 성향을 발휘하여 다른 사람이 해내지 못하는 무언가를 완성할 수 있습니다.

물론 이런 아이들도 후천적 공부머리인 학습력을 키우기 위한 훈련이 필요합니다. 자신의 부족한 부분을 메꾸기 위해 노력해야 하지요. 더불어 자신이 좋아하고 잘하는 것을 발전할 기회도 충분해야 합니다. 공부와 관련되지 않은 아이의 활동을 가볍게 여기는 부모들이 있습니다. 할 일을 마친 아이가 게임에 몰두한다면, 숙제를 완성한 아이가 동영상을 즐겁게 본다면, 그 모습도 같이 기뻐해주세요. 하기 싫은 일을 책임감 있게 해낸 만큼 즐거움을 누리도록 허락하세요. 공부가 아니더라도 어느 한 분야에서 유능해진 순간을 경험한 아이는 다른 장면에서도 유능해지는 방법을 찾아낼 수 있습니다. 아이가 자신에게 큰 포부를 가질 수 있도록 도와주세요.

PART 4

공부머리를 키우는
'습관'의 힘

01

초등 시기,
공부 독립이 필요합니다

초등 3학년인 강현이의 어머니는 오랜만에 놀이터에 있는 강현이를 데리러 갔다 깜짝 놀랐습니다. 강현이가 어린 동생들하고 놀고 있기 때문이었습니다. 친구들은 어디에 갔냐고 물어보니, 친구들이 영어 학원, 수학 학원에 다니게 되어 요즘에는 저학년 동생들하고 주로 논다고 답을 했습니다. 3학년이 되니 다들 공부를 시키는구나 싶어 강현 어머니도 강현이를 위한 학습 계획을 짜기 시작했습니다.

먼저 초등 아이의 학습에 대한 정보를 찾아보니 연산과 사고력 수학이 중요한 것 같아 서점에서 수학 교재를 서너 권 구매했습니다. 평상시 책도 잘 안 읽었던 것 같아 위인전과 역사 관련 전집도 구매했습니다. 전집을 판매하는 분이 학습만화로 된 과학책도 아이들에게 좋다고 해서 같이 주문했지요. 하루에 수학 문제집 5장 풀기, 독서 1시간을 목표로 공부 습관을 들여줘야겠다고 마음을 먹었습니다.

그런데 막상 매일 수학과 독서를 지도하려고 하니 강현이와의 다툼이 늘어났습니다. 문제집을 풀라고 하면 꾸벅꾸벅 졸고 있고, 책을 다 읽었다고 해서 물어보면 무슨 내용인지 전혀 기억하지 못했지요. 가장 큰 문제는 강현이가 낮에 공부를 마치지 않는다는 것입니다. 결국 퇴근한 어머니가 저녁을 준비하며 강현이에게 공부하라고 재촉을 해야 하고, 틀린 문제를 고치거나 책을 다시 읽게 되면 늦은 밤이 되어서야 공부가 끝납니다. 태권도와 영어 학원에 다녀와 피곤해진 강현이가 저녁 시간에는 집중하기 힘들어하는 것도 또 다른 원인이었지요. 강현 어머니도 퇴근 후 피곤한 상태에서 공부를 봐주다 보니 쉽게 짜증이 올라왔습니다. 소리 지르고 화를 내며 겨우겨우 공부를 마치고 돌아서면 아직 초등 3학년밖에 되지 않은 강현이에게 이렇게까지 해야 하나 싶어 한숨이 나옵니다.

초등 아이, 독립을 위한 준비를 시작합니다

초등 시기 아이의 발달과업은 '근면성'입니다. 근면성이란 부지런한 품성이라는 의미를 담고 있는데요. 근면성의 발달에서 중요한 점은 바로 근면성이 향하는 방향입니다. 놀이터에서 열심히 노는 아이나 게임에 빠진 아이를 '근면하다'라고 이야기하지 않지요. 부지런한 품성이 성인이 되어 사회에서 생존하는 데 필요한 기술이나 능력을 습득하는 방향으로 향해있을 때 우리는 근면하다고 이야기합니다.

기억해야 할 점은 근면함이 바른 자세나 모범적인 태도를 뜻하는 게 아니라, 목적을 지향하는 태도와 노력을 의미한다는 것입니다. 하고 싶지 않아도 해야 할 일을 끝까지 하기 위해 마음을 다잡고 노력하는 그 자체가 바로 근면함입니다. "짜증 나" "하기 싫어"라고 입버릇처럼 말하거나 부모에게 한 소리 들어야 공부를 시작하는 아이라도 오늘 해야 할 계획을 해냈다면 목적 지향적으로 행동한 것이고 근면한 것입니다. 마음가짐이야 어떻든 근면하게 한 행동을 부모가 인정해주고 칭찬해줄 때, 아이는 자신이 근면한 사람이라고 인식하게 되고, 근면한 행동에 친숙해집니다.

강현 어머니가 강현이의 학습 습관 형성을 위해 하루의 계획을 세우고 지도를 하는 것은 분명히 중요하고 필요한 일입니다. 모든 아이가 이 단계를 거쳐 독립적인 학습자가 됩니다. 동시에 자신에게 주어진 책임을 다하는 근면성도 갖게 되지요. 하지만 이 과정은 부모와 아이 사이에 큰 고비를 가져옵니다. 공부하기 싫어하는 아이와 공부를 시키려는 부모에게 커다란 갈등이 생기는 것이지요. 말을 물가로 끌고 갈 수는 있어도 물을 먹이지는 못한다는 속담처럼, 아이를 자리에 억지로 앉히는 데는 성공했지만, 머리로는 다른 생각을 하는 아이를 보면서 감정을 조절할 수 있는 부모는 극히 드뭅니다.

아이와의 관계가 나빠질까 두려운 부모 중에는 학원을 통해 공부 습관을 들여보려고 계획하는 부모도 있습니다. 하지만 학습 습관의 형성이 아닌 학습 진도에 목적을 두는 학원에서 아이의 습관을 잡아주긴 어렵지요. 학원이 아이에게 꼭 해야 하는 숙제를 주긴 하지만, 그 숙제를 스스로 하는 아이가 되도록 만들어주지는 않습니다. 학습 습관이 형성되지 않은 아이는 학원에서 배운 내용을 복습하거나 숙제를 제대로 하지 못하므로 결국 습관 형성의 문제는 다시 불거집니다. 그렇게 되면 그동안 충분히 익히지 못한 학습 진도의 공백을 메워야 하는 이중고를 감당해야 하지요.

근면성의 발달로 자신의 역량을 개발하여 사회에서 생존할 수 있는 능력과 기술을 갖춘 아이는 부모로부터 분리되어 독립합니다. 이것이 바로 부모 역할의 최종 목표입니다. 부모는 아이가 남에게 기대지 않고 혼자서 존재할 수 있는 사람으로 자라도록 조력해야 합니다. 아이가 개인으로서의 욕구 충족과 사회구성원으로서 해야 할 역할을 동시에 해낼 수 있도록 돕는 것이 부모가 해내야 할 중요한 임무이지요. 이때 기성세대인 부모와 사회에 호감을 느끼는 아이는 근면성이라는 발달과업을 순조롭게 받아들입니다. 부모가 자신에게 스스로 하라고 이야기하는 모든 것들이 부모의 편의를 위해서가 아니라 자신의 독립을 위해서임을 아이는 알아야 합니다. 부모가 자신을 밀어내는 것이 아니라 자신을 사랑하기 때문에 물러서는 것임을 알아야 합니다. 부모와 아이가 서로를 신뢰할 때 아이는 바람직한 방향으로 성장의 목표를 잡을 수 있습니다.

내 아이는 근면성 발달을 위한 준비를 마쳤나요?

아이는 발달에 따라 그 시기에 달성해야 하는 과업을 부여받습니다. 이 과업을 완수해야 다음 단계로 넘어가지요.

먼저, 갓 태어난 아이는 부모의 돌봄과 보호 속에서 세상과 자신에 대한 '신뢰감'을 키워나갑니다. '응애' 하고 우는 순간 다급하게 자신을 달래러 오는 부모의 손길에서 아이는 자신이 충분히 괜찮은 사람이며, 세상이 자신을 위해 존재하는 안전한 곳이라고 확신할 수 있지요. 이러한 신뢰감은 아이들이 이 세상을 향해 나아갈 수 있는 원동력입니다. 자신을 믿고, 세상을 믿기 때문에 "내가 할 거야!" 혹은 "아니야!"라고 자신의 목소리를 크게 낼 수 있는 것입니다. 이처럼 영아기에 획득한 신뢰감은 아이들이 세상을 향해 한 발을 내디딜 수 있도록 힘이 되어줍니다.

발달 단계에 따른 과업

- 이전 단계의 발달과업에 성공해야 다음 단계로 넘어감
- 사회와 부모에 대한 호감이 근면성의 방향을 결정함
- 근면함＝목적 지향적인 태도와 노력, ≠바른 자세와 모범적인 태도

세상은 안전하며, 문제가 생기면 누군가가 자신을 도와줄 것이란 확신에 가득 찬 2~3세 아이는 "내가, 내가!"라고 외치며 자신의 존재를 드러내고, 자신의 욕구를 알아갑니다. 아장아장 걷기 시작한, 갓 말문이 트인 이 아이는 자율적으로 무엇인가를 해보려는 과정에서 안전과 사회적 규범의 제한을 받고, 이 과정에서 책임감 있는 '자율성'을 키워나갑니다. 아이는 내 마음대로 하고 싶더라도 해서는 안 되는 일이 있음을 받아들이는 과정에서 긴장을 해결하고 자존감을 유지한 채 자신을 통제하는 방법을 배웁니다. 자율성을 제대로 키워내지 못한 아이는 자기 자신을 통제할 수 없다고 느끼고, 자신을 무능하게 느낍니다. 아이는 부모의 도움을 거부한 채 스스로 선택하고, 시행착오를 겪으며 성취하는 과정에서 자신의 힘을 발견합니다. 아이가 순응하도록 만들기 위해 불안감이나 단절감을 느끼게 하는 훈육을 자주 사용한다면 아이의 자율성이 성장하기 어렵습니다. 아이가 자신의 감각대로 자유롭게 선택할 수 있는 분위기, 타인에게 통제받는 상황에서 괴로움을 견뎌낼 수 있도록 조력하는 환경이 적절히 갖추어진다면 아이는 자율성을 획득할 수 있습니다.

이 자율성을 토대로 '주도성'의 발달이 시작됩니다. 만 4~5세 경의 아이들이 부모에게 '이렇게 해라, 저렇게 해라' 하며 모든 것을 휘두르려 하는 모습을 보이는데요. 주변 사람과 어우러지기 위해 상황을 통제함으로써 무언가를 이루어내고 싶은 강한 욕구를 조율하는 방법을 배우는 것이 이 시기의 중요한 과업입니다. 주도성을 발달시키는 시기의 아이는 대범하고 호기심이 많으며 경쟁하려는 특성을 보이는데요. 자신의 목표에 따라 계획을 세우고, 그 목표를 달성하기 위해 노력하는 시기이기 때문입니다. 또래와 겨루며 자신이 원하는 것을 얻기 위해 적극적으로 주장하는 과정에서 주도성이 키워집니다. 이 시기 아이를 둔 부모들은 '아이가 말을 듣지 않는다' '여러 번 이야기해야 따른다'라며 고민합니다. 주도성이 발달하는 시기에는 부모와 아이의 이러한 실랑이가 필요합니다. 자기 욕구가 충족되는 순간과 그렇지 않은 순간을 고루 경험해야 아이는 나와 타인이 함께 기쁘고 만족할 수 있는 관계를 완성할 수 있습니다. 주도성의 발달이 건강하게 이루어진 아이는 상황에 적합한 행동을 하기 위해 자신의 욕구를 참거나 다른 방식으로 만족하는 법을 배우게 됩니다. 그리고 이 능력을 토대로 근면성의 발달이 시작되지요.

'근면성'은 영유아기에 걸쳐 획득되는 신뢰감, 자율성, 주도성이라는 덕목을 토대로 초등 시기 동안 길러집니다. 부모와의 관계에서 신뢰감이 없는 아이라면 학습 습관의 형성에 목표를 두기보다는 부모가 아이를 긍정적으로 바라보고 있고, 아이가 잘 해나가고 있음을 칭찬하는데 더 많은 시간을 투자해야 합니다. 자율성과 주도성의 발달이 이루어지지 않았다면, 아이가 자신의 능력을 확신하고 자신감을 회복할 수 있는 장치를 마련해야 합니다. 이때 아이가 가진 경향성을 잘 관찰해야 합니다. 아이가 흥미로워하고 관심을 보이는 분야를 찾는다면 아이가 자신의 능력을 확인하고 자기 욕구를 탐색하여 목표를 이루어나가기가 쉽기 때문입니다. 아이의 관심과 경향성이 궁금하다면 초등 저학년부터 실시할 수 있는 진로 검사가 탑재된 '주니어 커리어넷'이나 초등 고학년부터 진로 관련 검사 및 정보를 제공하는 시도 교육청의 '진로 진학 정보센터'를 이용하는 방법이 있습니다.

습관 형성, 부모도 준비가 필요합니다

자기 할 일을 미루고 집중하지 않는 아이를 보며 화가 나지 않는 부모는 없습니다. 하지만 이 상황에서 모든 부모가 아이에게 화를 내지는 않습니다. 사실 이런 '화'라는 감정에는 아무 문제가 없습니다. '화'가 있어야 부모도 힘을 내어 아이의 저항에 버틸 수 있습니다. 부모의 마음에 올라온 이 '화'는 '지금 이 상황을 바로 잡아야 해!'라는 생각에서 나오는 에너지입니다. 그런데 만약 이 '화'가 '일하고 돌아와 나도 힘든데, 얘까지 왜 날 이렇게 힘들게 할까?' '나는 이렇게 애를 쓰는데, 얘는 왜 노력을 안 할까?'라는 마음으로 귀결된다면, 부모는 자신의 감정을 비난과 공격에 사용하게 됩니다. "이제 네가 다 알아서 해! 나도 모르겠어!" "공부고 뭐고 다 때려치워! 학원도 다 관두고!"라고 소리지르며 아이에게 감정을 쏟아내고 있다면, 반드시 기억하세요. 아이의 공부는 하루 미뤄도 당장 큰일이 벌어지지 않습니다. 하지만 아이의 마음에 '할 일을 다 못하면 잔소리를 듣겠지만, 그러고 나면 또 괜찮아져'라는 신념이 생긴다면 습관 형성을 위한 부모의 모든 노력이 흐지부지됩니다. 부모와 아이 사이의 줄다리기에서 아이가 승기를 잡게 되는 것이지요.

할 일을 미루다가 부모에게 혼이 나면 아이는 순간 부끄럽거나 죄송한 마음이 들지만, 그 불편한 감정도 시간이 지나면 곧 사라집니다. 그리고 이런 상황이 반복되다 보면 아이는 부모의 분노를 두려워하지 않게 됩니다. 그저 공부가 자신을 괴롭힌다는 생각만 강해지지요. 또한 근면하지 못한 자신을 반성하기보다, 자신은 원래 근면하지 못한 사람이라고 생각하게 되어 부끄러움을 느꼈던 마음도 점점 작아집니다. 며칠 전까지는 옆에서 공부를 도와주고 일일이 챙겼던 부모가 이제는 혼자 공부하는 습관을 들여야 한다며 화를 낸다면, 아이는 부모가 자신을 괴롭히는 거라고 여길 수도 있습니다.

아이가 변화를 받아들이고 근면한 습관을 갖기까지는 저항의 시간이 존재합니다. 이 저항의 시간은 아이가 홀로 해내도록 버티는 부모의 인내와 '넌 해낼 수 있어'라며 응원하는 부모의 눈빛으로 가득해야 합니다. 혼자 알아서 하라는 지시 한마디로 아이가 바뀌긴 어렵습니다. 초등 시기 아이는 자조 능력과 자기 주도 학습 능력을 길러나가는 진행형의 상태에 있기 때문입니다. 아이마다 필요한 저항의 시간에는 차이가 있겠지만, 모든 아이는 습관을 형성하여 공부 독립을 이루는 날까지 적당한 거리에서 관찰하고 피드백해주는 부모의 에너지가 필요합니다. 아이의 근면한 습관이 형성되는 과정은 부모의 주도로 시작됩니다. 공부를 해내는 것은 아이이지만, 아이의 공부가 성공 경험이 되도록 이끄는 것은 바로 부모의 피드백이지요. "계획을 다 지키지는 못했지만, 끝까지 하려고 애썼구나" "시작할 땐 귀찮다고 했지만, 결국 해야 할 일을 정확하게 해냈어"라는 부모의 피드백은, 아이가 자신이 해낼 수 있는 사람이라는 성장 신념을 갖게 합니다.

그러므로 아이의 공부 독립을 계획했다면 첫째로 부모가 아이를 관찰하고 피드백하는 데 시간을 투자할 수 있는지 점검해야 합니다. 독립의 첫 단계에서는 아이를 지도하기 위한 충분한 시간이 필요하기 때문입니다. 예를 들어, 늦은 저녁까지 일하고 집으로 돌아온 부모가 아이의 학습을 지도하는 것은 물리적으로 불가능합니다. 저녁 식사 준비를 하며 여러 집안일을 하고 아이의 공부까지 봐주는 것은 부지런한 부모조차도 해낼 수 없습니다. 주어진 시간은 짧은데 아이의 학습지도에 높은 목표를 잡으면 이루지 못한 원망을 아이에게 돌리게 됩니다. '조금만 알아서 해주면 서로 힘들지 않을 텐데' 하는 생각이 들어 아이를 비난하게 되지요. 할 수 없는 일을 자신과 아이에게 요구하고, 실패의 원인을 찾아 서로 비난하다 보면 결국 관계가 어긋나버립니다. 이런 상황이 벌어진 것을 서로의 탓이라 생각하며 자신의 상황을 무기력하게 여기게 되지요.

두 번째로 점검할 부분은 아이가 부모의 도움 없이 혼자 해낼 수 있는 학습량과 시간을 명확히 아는 것입니다. 그리고 그것을 아이의 목표를 설정하는 데 기준값으로 삼아야 합니다. 혼자 학습을 해본 적이 없는 아이에게 하루 학습량으로 '수학 문제집 5장, 독서 1시간'을 정해 준다면, 이 계획은 달성하기가 어렵습니다. 물론 아이의 학년이나 학습 상황에 맞추어 큰 목표를 정하는 것은 필요합니다. 그러나 그 목표에 도전하기 전에 먼저 습관을 형성하고, 성공에 대한 확신을 심어줄 수 있는 징검다리 목표가 필요합니다.

예를 들면, '수학 문제집 풀이를 10분 동안 혼자 해내는 습관을 길러주기' 혹은 '가족들이 저녁 식사를 준비하는 동안 아이는 독서를 하도록 지도하기'라는 목표를 세워볼 수 있습니다. 공부 독립의 첫 단계에서는 학습 분량이 아니라 습관 형성을 목표로 한다면 부모가 어떻게 행동을 해야 할지 기준을 세우기가 쉽습니다. 학습 분량을 목표로 세우는 부모가 "빨리 시작해, 아직도 다 안 끝났니? 집중해야지! 언제 다할 거야!"라는 말을 주로 했다면, 습관 형성을 목표로 한 부모는 "엄마식사 준비 시작해. 읽을 책 가지고 식탁으로 와" "앞으로 30분 안에 저녁 식사를 시작할 거야. 그 안에 이 책을 다 읽을 수 있겠니?"라는 식으로 이야기할 수 있습니다. 습관 형성을 목표로 잡은 덕분에 아이에게 어떤 지시를 내릴지 분명해진 것이지요.

아이가 유능해지는 방법을 알 수 있도록, 아이가 좋은 행동과 습관을 길러나갈 수 있도록 도와주고, 아이와 좋은 관계를 유지하기 위해 노력하는 것이 초등 아이를 둔 부모의 중요한 부모 역할입니다. 그렇다면 스스로 공부하기 싫어하고, 할 일을 미루며 짜증 내는 아이에게 어떻게 유능감을 길러주고, 자신을 존중하게 하고, 좋은 행동을 알려주며, 사이좋게 지낼 수 있을까요?

나는 어떤 유형의 부모인가요?

학교 수업 시간은 배움이 일어나는 시간입니다. 초등 저학년의 경우 학습 내용이 어렵거나 복잡하지 않으므로 수업 시간만으로 배움과 익힘이 동시에 이루어질 수 있습니다. 하지만 기질적으로 쉽게 산만해지고, 인내력이 낮거나, 지능에 발달이 더딘 영역이 있는 아이는 수업 내용을 이해하여 익히기 위해 별도의 노력이 필요합니다. 초등 고학년의 경우 아이들 대부분은 학교에서 배운 내용을 따로 복습하여 익히는 시간이 필요하며, 고등인지 기술의 발달을 위해 문제를 풀어보거나 오답을 정리하는 등의 시도가 필요합니다.

학습에서 몰입이 일어나려면 잘하고 싶은 마음과 그것을 해낼 수 있는 능력이 동시에 필요합니다. 그런데 학습 문제로 상담실을 찾은 부모님들은 아이가 공부에 대한 동기가 낮아 걱정이라고 하고, 아이는 공부가 어려워서 하기 싫다고 말합니다. 동기가 낮은 아이에게는 '할 수 있다'라는 응원이 필요하고, 공부를 어려워하는 아이에게는 어떻게 공부할지 방법을 알려줘야 하는데요. 부모의 성향에 따라 아이의 학습을 지도하는 초점이 달라질 수 있습니다.

좋은 행동을 안내하고 근면한 습관을 키우도록 기다려주는 '가르치기'와, 아이의 마음을 돌보고 보살펴주는 '사랑하기'는 부모의 중요한 역할입니다. 이 2가지를 동시에 실행하는 것은 매우 어려운 일이지만, 아이의 성장과 발달을 위해 부모의 대부분은 이것을 해냅니다. 지시를 따르지 않는 아이에게 화가 나지만 다시 한번 방법을 설명하며 신뢰를 회복할 기회를 주고, 징징거리는 아이에게 소리를 지르고 싶어도 아이의 마음을 생각해서 참아내며 훌륭하게 부모 역할을 해내지요. 이때 아이에게 충분하게 방법을 설명하고 스스로 해내도록 버텨주는지, 아이가 잘 해낼 수 있음을 믿고 응원해주는지의 두 축에 따라 부모 행동을 4가지의 유형으로 나누어볼 수 있습니다. 여러분은 어떤 유형의 부모인가요? 그리고 아이를 위해 어떤 모습을 발전시켜야 할까요?

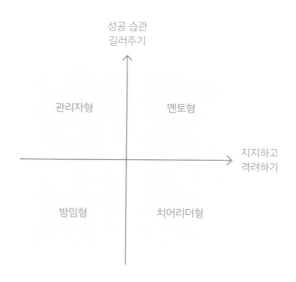

치어리더형 부모

- 치어리더형 부모는 아이가 늘 편안하고 즐겁기를 바랍니다. 아이의 욕구가 충족되는 것을 중요하게 여기며, 돌봄과 배려로 아이를 사랑하는 마음을 표현합니다.
- 아동기 아이는 독립을 위한 준비를 시작합니다. 아이가 스스로 해내도록 기회를 주고, 좌절하거나 힘들어할 때는 걱정보다는 응원을 해주어야 합니다. 우리도 이런 성장통을 거쳐 어른이 되었다는 사실을 기억하세요.

초등 6학년이 되며 사춘기에 접어든 나연이는 엄마와의 대화가 점점 불편합니다. 영어 학원에서 문법을 배우기 시작하면서 이해하고 외워야 할 내용이 많아져 엄마에게 어렵다고 불평했더니, 엄마는 "문법은 중학교 들어가서 중요한 거니까 너무 힘들면 나중에 하자"라고 이야기를 했습니다. 사실 나연이는 영어를 좋아하고 학원에서도 성적이 좋은 편입니다. 문법도 새롭게 배우는 내용이라 힘이 들지만, 다른 아이들 못지않게 잘 해내고 싶지요. 그런데 엄마는 나연이가 조금만 투정을 부리면 나중에 해도 괜찮으니 걱정하지 말라며 포기하라고 합니다. 나연 어머니는 나연이를 편하게 해주려는 마음으로 이야기했지만, 나연이는 엄마가 자신의 마음을 몰라주는 것 같아 외롭고 기분이 상합니다. 엄마가 '괜찮다'고 하는 말이 '넌 아직 안 돼'라고 하는 말처럼 들려서 자존심이 상합니다.

나연 어머니는 '사랑하고 보살피기'에는 익숙하지만, 아이가 무언가를 해내도록 '기다리고 버티기'에는 서툽니다. 주도적이고 성취욕이 강한 나연이가 열심히 하는 모습을 보면 기특한 마음이 들지만, 힘들면서도 최고가 되고 싶어 버티는 모습을 보면 불편한 마음이 들기도 하지요. 나연 어머니는 나연이가 평범하고 행복하게 살았으면 좋겠습니다. 악착같이 노력하고 애쓰며 힘들게 살지 않기를 바랍니다. 사회적 민감성이 높고 인내심이 낮은 기질의 나연 어머니는 나연이의 기분을 좋게 만들어주지 못하는 상황이 견디기 어렵습니다. 완벽주의적으로 해내려는 나연이가 이해되지 않지요. 이처럼 아이가 늘 행복하길 바라는 치어리더형 부모는 아이가 힘들거나 괴로워할 때 자신이 부모 역할을 제대로 하지 못한다고 느껴 불편해집니다.

아이의 발달 단계에 따라 행복의 감정도 다양해집니다. 자발성의 발달과업을 달성하는 단계의 아이는 자신의 욕구가 수용되는 순간 만족스럽고 행복합니다. 주도성의 발달과업을 달성하는 중인 아이는 자신의 요구가 상대에게 전달되고, 자신과 상대가 함께 무언가를 이루어나갈 때 만족감을 느낍니다. 근면성의 발달과업을 달성하는 단계의 아이는 힘들더라도 자신이 목표로 한 바를 이루어낼 때 보람과 성취감을 느끼며, 자신의 삶에 만족하게 됩니다. 초등 아이의 행복은 편안함과 즐거움을 넘어선 다른 차원의 감정으로 성장합니다.

아이는 편안함이 아니라 불편함을 이겨낸 순간, 귀찮지만 책임을 다한 순간, 어렵지만 해낸 순간에도 행복을 느낍니다. 아이가 힘들지 않게 조력하는 것이 아니라 힘들어하는 아이가 어려움을 이겨내고 자신을 계발해내도록 응원하는 것이 초등 부모의 역할입니다. 치어리더형 부모는 아이가 스스로 극복하는 과정에서 발생하는 불편한 감정들을 해결해주고 싶은 자신의 욕구를 조절해야 합니다. "네가 힘든 마음을 버티고 열심히 하는 모습이 대견하구나" "어렵다고 하면서도 끝까지 노력하니 정말 대단하다" "정말 힘들고 못 하겠으면 꼭 이야기해. 엄마가 어떻게든 도와줄게" "짜증 나는 마음을 달래며 공부에 집중하긴 힘든데 애썼다. 고생했어"라고 다독여주며 아이의 수고와 애씀을 알아주는 부모가 되어야 합니다.

관리자형 부모

- 관리자형 부모는 아이가 어떤 목표를 향해 노력해야 할지 분명히 알고 있습니다. 아이가 목표를 향해 노력하고 단련하는 과정을 함께해줄 단단한 마음을 가지고 있습니다.
- 아동기 아이는 자신의 관심사와 경향성을 발견합니다. 부모가 원하는 방향과 아이의 목표가 다를 수 있습니다. 부모의 눈에는 아이의 행동이 시간을 낭비하는 것으로 보이더라도 아이에게는 그 시간이 자신을 이해하고 성장해나가는 데 필요한 순간일 수 있습니다. 아이가 어떤 목표를 가져야 할지가 아니라, 아이가 지금 얼마나 충분한지 알려주는 데 조금 더 노력해주세요. 아이는 목적지가 분명할 때가 아니라 자신이 해낼 수 있다고 확신할 때 움직입니다.

세호 어머니는 세호가 초등학교에 입학하는 시점에 초등 수학과 영어, 독서 지도와 관련된 여러 권의 책을 구매해 독파하고, 유명한 교육

전문가의 강연도 찾아 들었습니다. 이 내용을 바탕으로 세호가 공부할 방향을 잡아나갔지요. 직접 영어 지도법을 배워 세호를 지도했고, 수학 경시용 기출문제를 풀게 한 뒤 오답 정리를 시키기도 했습니다. 주말에는 기출문제로 모의시험을 보게 하기도 했지요.

세호는 공부할 때마다 "친구들은 다 안 하는데 왜 나만 해?" 하며 투덜거렸어요. 그러면 세호 어머니는 "어려운 공부도 해봐야 실력이 늘어나잖아" "공부를 잘해야 나중에 네가 하고 싶은 일을 선택해서 할 수 있어"라고 이야기하며 다독였습니다. 세호가 어머니의 이야기에 수긍하지 않는 표정이면 어머니의 이야기는 점점 길어졌습니다. 열심히 공부해서 좋은 대학에 들어가 높은 연봉을 받으며 회사에 다니는 사촌 누나 이야기나, 지금 열심히 하지 않으면 나중에 후회하게 된다는 말을 덧붙이며 세호를 설득하려고 노력했지요. 세호는 엄마의 말이 맞는 말이라고 생각했기 때문에 자기 생각을 엄마에게 이야기하거나 자기 뜻을 고집하기에는 불안하고 자신이 없었습니다. 그렇다고 엄마의 말에 따르기는 싫었어요. 어머니의 긴 설득을 들으면 공부로부터 몸과 마음이 멀어지는 기분이 들었습니다.

세호 어머니와 같은 관리자형 부모는 부모 역할이 아이가 성공하고 성취하게 만드는 데 있다고 생각합니다. 물론 필요한 부분이긴 하지만, 아이의 마음을 고려하지 않은 채 부모가 세운 완벽한 계획과 목표에 아이를 끼워 맞추려는 것이 문제입니다. 관리자형 부모는 아이의 이야기를 듣고 마음을 이해하기에 앞서 부모의 의견을 아이에게 설명하고 상황을 받아들이게 하려는 경향이 있습니다. 그리고 아이와 주고받는 대화가 아니라 부모의 의견을 설득하는 일방적인 대화로 아이를 끌어가려고 하지요. 아이에게 상황을 자세히 설명하고, 옳고 그름에 대해 반복적으로 이야기하면 아이가 부모의 말을 이해하고 따르리라 생각합니다. 하지만 이런 상황이 빈번해지면 아이는 부모가 이야기를 시작함과 동시에 귀와 마음을 닫습니다. 옳은 이야기지만 늘 듣는 이야기이고, 자신의 자존심을 건드리고 자존감을 낮추니 그만 듣고 싶은 것이지요.

관리자형 부모는 아이가 실수와 실패 없이 효율적으로 공부하기를 바랍니다. 아이가 약속한 공부를 다 하고 휴식을 취하고 있어도, 그 시간에 새로운 무언가를 시작해서 다음 성과를 이루길 기대하지요. 아이가 최상의 방법으로 빠르게, 시행착오 없이, 시간과 에너지를 낭비하지 않고 성취하길 바랍니다. 이때 관리자형 부모가 놓치는 중요한 점이 있습니다. 아이는 자신만의 경향성과 의지를 가진 존재라는 것입니다. 아무리 완벽한 계획이라도 아이의 성향에 맞지 않는다면 그것은 좋은 계획이 아닙니다. 아이들에게는 인지적 발달 외에도 신체적, 정서적 발달도 중요하며, 이 발달은 놀이와 휴식을 통해 이루어집니다. 관리자형 부모는 학업 성취가 아이의 삶의 목적이 되지 않도록 주의해야 합니다. 아이가 부모 자신과 다른 가치를 중요히 여기더라도 이를 이해하고 존중하기 위해 애써야 합니다. 아이가 부모의 선택과 결정에 따라 성취를 이루는 것이 아니라, 자신이 원하는 삶을 선택하고 그것에 책임지는 태도를 길러나가도록 조력하는 것이 중요함을 잊어서는 안 됩니다.

　기질적으로 사회적 민감성이 낮고 인내력이 높은 부모들은 아이라는 존재보다 목표에 치우쳐 판단하는 경향이 있습니다. 아이가 왜 공부해야 하냐고 물어보면, 목표를 이해시키기 위해 노력하지요. 그러나 이건 왜 중요하고 저건 왜 필요한지 구구절절 설명하는 것은 아이의 의욕을 높이지 못합니다. 아이에게는 오히려 "네가 할 수 있을 것 같아서 해보자고 했어" "네가 잘하고 있어서 더 큰 목표를 세워보고 싶구나"와 같이 인정과 지지의 표현이 필요할 수도 있습니다. 관리자형 부모는 목표보다 아이의 마음에 관심을 두려 노력해야 합니다.

방임형 부모

- 방임형 부모는 아이가 스스로 자신의 삶을 찾아나가길 바랍니다. 한 발자국 뒤에서 아이를 지켜봐주는 기다리는 마음을 가지고 있습니다.
- 아동기 아이는 주변 사람들과 소통하며 자신이 어떤 사람인지를 알아나갑니다. 친구들과 자신을 비교하거나, 선생님과 부모님의 피드백을 들으며 자기 개념을 명확히 합니다. 그러므로 시간을 생산적으로 보낼 기회를 주고, 자신이 어떤 성과를 낼 능력이 있는지 알 수 있도록 도와주어야 합니다. 지식을 쌓거나 기술을 단련하거나 새로운 무언가를 배우는 시간 속에서 아이는 자신의 능력과 경향성을 발견할 수 있습니다.

　초등 5학년 차영이의 어머니는, 아이들은 다 때가 되면 알아서 공부한다고 믿습니다. 조용하고 순응적인 차영이는 집이나 학교에서 특별한 문제를 일으킨 적이 없습니다. 그래서 차영 어머니는 지금까지 큰 걱정이 없었지요. 차영이는 학교에서 돌아오면 동영상을 보거나 슬라임을 만지며 시간을 보냅니다. 친구들과 시간이 맞으면 놀이터에서 같이 이야기를 나누거나 동네를 돌아다니며 놀기도 합니다. 친구 관계도 그렇고, 공부도 힘들단 말을 특별히 한 적이 없었기에 차영 어머니는 차영이가 잘 지내고 있다고 생각해왔습니다. 차영 어머니는 차영이에게 무언가를 해보자고 먼저 제안하지 않고, 차영이가 하고 싶은 게 있다며 스스로 요청할 때까지 기다려주고 싶습니다.

그런데 얼마 전 담임선생님의 연락을 받은 차영 어머니는 놀랐습니다. 차영이가 학교 수업 내용을 따라가기 어려워하고, 특히 수학의 경우 이전 학년의 학습을 충분히 이해하지 못해 문제라는 것입니다. 선생님이 1대 1로 차영이의 수학을 지도해주기로 했는데, 처음에는 친구들이 보충 수업을 받는다고 놀릴까 봐 걱정되었지요. 그런데 시간이 지나자 이 수업이 차영이에게 중요한 전환점이 되었습니다. 어렵게 느껴지던 수학에 자신감이 생긴 건 물론이고, 수업을 마친 뒤 선생님의 일을 도와드리거나 자신의 일과를 선생님과 이야기 나누며 차영이의 자신감이 많이 높아졌기 때문입니다. 차영이는 보충 수업을 받으며 선생님과 '특별한' 시간을 갖다 보니 자신이 학급에서 중요한 사람이 된 기분이 들었다고 합니다. 이때부터 차영이는 전보다 학교생활을 적극적으로 하며, 공부에도 의욕을 보이기 시작했습니다. 그런 차영이를 지켜보던 차영 어머니는 지금껏 자신이 기다려주는 것으로 생각했는데, 그게 아니라 아이를 덩그러니 내버려 둔 건 아닌가 싶어 미안한 마음이 들었습니다.

방임형 부모가 아이에게 무관심하거나 아이를 방치하는 것은 아닙니다. 방임형 부모도 아이를 사랑하고 일상에서 아이와 좋은 관계를 맺으며 대화도 많이 나눕니다. 다만 방임형 부모는 아이의 가능성을 고민하지 않습니다. 아이가 어디까지 성장할 수 있을지, 노력하면 무엇까지 해낼 수 있는지 생각해보고, 아이가 도전해볼 기회를 열어주지 않습니다. 이때 주도적이고 적극적인 아이라면 이런 상황에 자신이 무엇을 원하는지 부모에게 강하게 요구하지요. 하지만 상황에 순응하는 인내력이 낮은 기질의 아이는 노력과 도전의 기회를 경험해보지 못한 채 지금이 최선이라고 받아들입니다. 성장을 끝마친 어른들에게는 지금의 자신이 만족하고 받아들이는 것이 정신 건강에 중요합니다. 하지만 초등 아이는 인지적으로, 정서적으로, 신체적으로 급격하게 성장하고 있습니다. 몸이 자라면 그에 맞는 새로운 옷을 준비해주듯이, 아이의 인지 발달과 자기 조절력의 성장 속도에 따라 적절한 자극을 아이에게 제공해야 합니다. 그래야만 아이는 자신의 능력을 검증하고 그 과정에서 자신의 경향성을 알아나갈 수 있습니다.

방임형 부모의 아이는 대부분 자신의 장점, 능력, 좋아하는 것과 싫어하는 것에 대해 구체적으로 이야기하기 어려워합니다. 부모가 아이를 관찰하고 아이의 모습을 말해준 시간이 적다 보니 아이 자신이 어떤 사람인지 경험할 기회가 부족하기 때문입니다. 아이가 자기 자신을 어떤 사람으로 알아나가고 있는지 확인해보세요. 나는 꼼꼼하게 책을 읽는 사람, 나는 몸을 움직이며 활동하길 좋아하는 사람, 나는 손이 섬세하고 만들기를 잘하는 사람, 나는 노래를 잘 부르고 목소리가 아름다운 사람 등 무엇이라도 좋습니다. 그런 기회가 아이에게는 자신을 이해하는 씨앗이자 스스로를 긍정적으로 바라보는 힘이 됩니다. 아이가 무언가 시도하거나 애를 쓰는 모습을 본 뒤 부모가 이 부분을 짚어주면 아이는 '나는 힘들어도 최선을 다하는 사람, 끝까지 노력하는 사람, 포기하고 싶은 마음이 들지만 그래도 한 번 더 노력해보는 사람'이라고 생각할 수 있습니다. 몸의 변화는 거울을 통해 확인할 수 있지만, 생각과 의지, 마음의 변화는 집중해서 통찰해야 알 수 있습니다. 이것은 어른에게도 힘든 일이지요. 초등 아이는 부모가 자신을 비추어줄 때 자신이 어떤 사람인지 깨닫습니다. 부모가 아이에 대해 이해한 만큼, 아이도 자기 자신을 발견할 수 있습니다.

조용하고 욕심 없는 아이인 줄 알았던 차영이가 선생님의 관심과 지원 속에서 적극적이고 주도적인 아이로 변화했듯이, 살짝 건드려진 아이의 잠재력이 아이를 어떤 색다른 모습으로 이끌지 우리는 알 수 없습니다. 아이가 학교에서 심은 강낭콩 화분을 조심스럽게 들고 옵니다. 아이는 화분의 흙을 흘리지 않으려고 주의하며 자신의 행위에 집중하지요. 이 모습을 보며 부모는 아이가 가진 조심성과 세심함을 발견할 수 있습니다. 그리고 아이에게 "조심스럽게 잘 들고 왔구나. 흙을 하나도 흘리지 않았네"라고 이야기해줌으로써 아이가 자신의 강점을 알아채도록 도와줄 수 있지요. 보조 가방을 획획 돌리며 빠르게 뛰어오는 아이의 얼굴이 신나고 즐거워 보입니다. 이때 부모는 아이에게 "넌 정말 몸이 가볍고 날렵하구나. 운동 신경도 좋고 체력도 참 좋아!" 하고 이야기하며 아이를 응원해줄 수 있지요. 방임형 부모는 아이가 어떤 가능성을 가진 아이인지 관찰하려 노력해야 합니다. 주변 사람들이 아이에게 하는 칭찬이나 아이가 관심을 보이는 부분을 놓치지 말고 잘 살펴서 아이가 발전하는 자신을 발견할 수 있도록 도전의 기회를 열어주세요.

멘토형 부모

- 멘토형 부모는 아이가 자신의 잠재력을 발현하고 아이의 성장이 지속될 수 있도록 적절한 환경을 만듭니다. 애쓰고 노력하는 순간 올라오는 부정적인 정서를 존중하면서도 아이가 스스로 목표를 이루어내도록 기다려주는 단단한 마음도 가지고 있습니다.
- 멘토형 부모의 아이는 자신을 신뢰하며, 다른 사람들도 자신을 존중한다고 생각합니다. 자신의 감정을 자유롭게 표현하지만 자기 선택과 행동에 책임을 져야 함을 알고 있습니다. 또한 노력을 통해 자신이 성장할 것임을 압니다.

학습에서 아이에게 어떤 변화를 기대하냐는 질문에 많은 분이 '기분 좋게 공부하면 좋겠다' '즐거운 마음으로 공부했으면 좋겠다'라고 이야기합니다. 아이와 공부를 주제로 서로 부담을 주고 힘겨루기를 하는 것을 피하고 싶다고 합니다. 멘토형 부모는 이 점에서 다릅니다. 멘토형 부모는 공부가 쉽지 않다고 생각합니다. 아이가 공부를 싫어하는 것이 당연하다고 생각하지요. 그리고 공부를 즐거운 마음으로 할 수도 있지만, 하기 싫어도 해내야 하는 일이라고 생각합니다. 공부하며 느끼는 분노, 짜증, 좌절감과 무력감이 새로운 것을 배우고 익히는 과정에서 자연스럽게 올라올 수 있는 감정임을 이해합니다. 아이의 이런 감정을 부담스럽게 바라보지 않습니다. 오히려 아이가 아직 성장 과정에 있고, 몸이 자랄수록 마음의 힘도 커지면서 자신의 감정과 욕구를 더욱 잘 조절해나가게 된다는 사실을 믿습니다. 초등 저학년 아이들에게 노력이란 낯선 일이지만, 훈련의 시간이 지나면 점점 이 과정을 편안하게 받아들일 것을 압니다. 공부의 과정이 행복하지 않더라도 공부를 끝까지 해낸 아이를 보며 만족감과 행복감을 느낄 수 있습니다.

멘토형 부모는 아이를 잘 다루는 부모를 의미하지 않습니다. 아이가 잘 해낼 것이라는 믿음을 갖고, 아이에게 필요한 경험을 제공하며, 아이가 어떤 성장을 이루어냈는지 관찰하고 피드백해주는 부모가 바로 멘토형 부모입니다. 멘토형 부모는 공부로 부모와 아이의 의견이 달라 서로 마음이 벌어지더라도 탄탄한 애착으로 엮인 부모와 아이의 관계가 쉽게 부서지지 않음을 확신합니다. 하지만 한편으로는 부모만 달리고 아이는 그 자리에 버티고 있지 않은지 늘 관찰합니다. 습관 형성은 부모 혹은 사회의 요구에 부응하는 것이다 보니 때때로 아이가 자신의 욕구를 좌절하게 되는 상황이 벌어집니다. 멘토형 부모는 늘 아이에게 자신이 너무 많은 것을 기대하진 않는지 스스로 점검합니다.

초등 3학년에 올라가는 태우는 어머니와 학교에서 배운 내용을 복습하기로 약속했습니다. 약속대로 복습을 시작하긴 했지만, 태우는 공부할 때마다 지루함에 몸이 꼬이고 손에 힘을 주어 글씨를 쓰거나 틀린 답을 지우고 다시 쓰기가 쉽지 않습니다. 툴툴거리는 태우를 지도하기가 쉬운 일은 아니지만, 태우 어머니는 공부를 완성하는 습관을 만들기 위해 옥신각신하더라도 정해진 계획은 반드시 이루려고 노력합니다. 그리고 공부하는 과정이 어떻든 태우가 공부를 마치면 "수고했어. 잘했구나!" "이 부분을 특히 열심히 했구나!"라는 말로 반드시 격려합니다.

물론 태우 어머니도 공부를 시키는 과정에서 화가 나기에 언제나 웃으며 칭찬하기가 쉽지만은 않습니다. 하지만 태우도 고생했음을 알기 때문에 반드시 인정하는 마음을 표현하려고 노력하지요. 이때 태우 어머니가 사용한 방법은 바로 '내 마음에 질문하기'입니다. 학습을 지도하며 화가 치밀어오르면 '내가 이 순간 진짜 원하는 게 뭘까?'라고 스스로 묻는 것이지요. 흥미롭게도 태우 어머니가 스스로 한 질문의 답은 늘 한결같았습니다. 태우가 잘 자라는 것. 태우 어머니는 화가 난 상태에서도 자신의 마음에 귀를 기울이는 노력을 멈추지 않았습니다. 자신이 무엇을 원하는지에 집중하다 보면 태우를 원망하고 싶은 마음이 사라졌습니다.

멘토형 부모들의 공통점이 있습니다. 첫째, 아이의 문제를 해결하려하지만 상황을 객관적으로 보고, 비관하지 않으며, 그 상황을 감당하려는 자세를 보입니다. 둘째, 아이에게 소리를 지르거나 화를 내더라도 이 감정을 상황에 맞게 조절합니다. 자신의 감정을 아이에게 상처 주는 데 사용하는 것이 아니라 아이를 움직이는 데 사용합니다. 셋째, 공부가 아닌 다른 상황에서 아이를 인정하고 칭찬하는 표현을 자주 합니다. 아이가 부모의 지시와 가르침을 따르는 데에는 사랑이라는 연료가 필요합니다. 부모의 사랑은 아이의 마음속에 충성심이라는 엔진을 가동하지요. 공부하게 만들려는 칭찬이 아니라, 아이를 사랑하는 마음의 표현이 일상에 있어야 아이는 부모를 따르려는 마음을 가질 수 있습니다.

아이는 자라면서 점점 자기 생각이 늘 정답이라 믿고 우기고, 자신의 실수가 드러나는 상황이나 부모의 작은 나무람에 쉽게 자존심이 상합니다. 그럴 때 아이가 자라고 있음을 기억해야 합니다. 아이는 유아기와 달리 부모의 말에 숨겨진 의미와 의도를 정확하고 빠르게 이해합니다. 아이가 별 반응이 없어 편하게 했던 말들도 아이를 단정하거나 평가하는 의미가 담겨있다면 주의하세요. 그리고 아이의 단점을 들추기보다 아이의 강점을 칭찬해주세요. 아무리 고집이 센 아이도 부모를 실망하게 만들고 싶지 않습니다. 자기주장이 강한 아이도 부모가 자신을 인정하고 존중한다고 여기면 부모의 말에 귀를 기울입니다. 일상에서 부모와 다정하고 따뜻한 시간을 보낸 아이, 부모가 자신을 사랑한다고 믿는 아이는 부모의 지시와 통제에 쉽게 상처받지 않습니다.

습관 형성의 4단계를 기억하세요

학년이 올라갈수록 굳어진 학습 습관을 바꾸기란 쉽지 않습니다. 이미 나쁜 습관이 자리 잡고 있어 반발과 저항이 거세지요. 좋은 습관을 몸에 익히는 데에는 오랜 시간과 반복적인 훈련이 필요한데요. 이야기에 기승전결에 있듯이 습관의 형성에도 단계가 있습니다. 바로 저항, 수용, 의지, 유지의 4단계입니다.

아이의 학습지도를 하며 저항의 단계에서 포기하는 부모들이 종종 있습니다. 아이의 저항이 거셀수록 습관 형성이 불가능한 목표로 보여 빠르게 좌절하지요. 하지만 습관이 바로 이 4단계를 통해 형성된다는 사실을 알고 있으면 잘 될 거라는 희망을 유지하고 마음을 다잡는 데 도움이 됩니다. '아이가 내 말을 안 듣는구나'라고 생각하는 것보다 '지금 이 단계에 있구나' 하며 상황을 객관적으로 바라보면 아이에게 어떤 도움을 주어야 할지 결정하기 쉽습니다.

습관 형성의 과정에서 발생하는 아이 마음의 4단계 변화

습관 형성의 첫 단계는 '저항의 단계'입니다. 이 시기에 아이는 새로운 공부 방법이나 계획을 계속해서 의심하고 부정합니다. 지금까지 써왔던 방식이 훨씬 편하고 좋다고 믿으며, 새로운 방법의 이점보다 단점이 더 커 보입니다. 지금까지 해보지 않은 방식을 처음 시도하므로 무엇부터 시작해야 할지, 어떻게 해야 할지 분명히 알지 못해 부담감이 높습니다. 이 단계는 아이 마음의 4단계 변화 중 부모의 에너지를 가장 많이 빼앗아가는 시기입니다. 부모는 자신이 가진 선한 의도를 몰라주는 아이에게 답답하고 섭섭한 마음이 들지요. 부모가 아이보다 변화에 대한 의지가 더 큰 상태이므로 아이가 느끼는 거부감을 이해하고 존중해야 합니다. 습관을 형성하는 목적은 아이가 부모의 말을 잘 듣게 하려는 것이 아니라, 아이가 새로운 방법을 시도하고 익히게 하는 것입니다. 부모가 원하는 방법과 계획이 무조건 관철되도록 밀어붙이는 것은 아이의 저항을 높일 수 있습니다. 부모의 기대에 못 미치더라도 아이가 이전에 비해 좋은 행동을 목표로 세운다면 거기에서 시작하세요.

그리고 아이의 부정적 감정에 동요되지 않도록 부모의 감정 조절에 힘써야 합니다. 저항하는 아이와 감정의 줄다리기를 하거나 비난조로 잘못을 꾸짖으면 아이는 이 문제의 논점을 학습 습관 형성이 아닌 부모-아이의 관계 문제로 바꿔버립니다. 아이가 "엄마가 그렇게 이야기하니 더 하기 싫어" "아빠가 맨날 나한테 화를 내니까 나도 안 할 거야" 하는 식으로 저항의 논점을 돌리면 부모는 아이와 학습의 문제를 다룰 수 없습니다. 아이의 저항감에 반응하기보다 아이가 도전하도록 조력하는 것이 목표임을 잊지 마세요.

습관 형성의 두 번째 단계는 '수용의 단계'입니다. 아이가 자신의 저항이 부질없음을 깨닫고 부모의 의견을 실행에 옮기는 단계이지요. 물론 이때 아이가 흔쾌히 부모의 뜻에 따르는 상황이 아니므로 계속해서 부정적인 정서를 표현합니다. 하지만 저항의 단계만큼 강렬하게 자신의 불쾌감을 표현하지는 않습니다. 아무리 난리를 쳐도 결국 부모님의 답은 한결같다는 걸 알게 되면 저항의 강도가 줄어듭니다.

습관 형성의 세 번째 단계는 '의지의 단계'입니다. 새로운 학습 습관이나 기술에 익숙해지면서 자신의 실력이 늘어남을 체감하며 학습에 대한 유능감이 커지는 시기입니다. 의지의 단계까지는 아이가 새로운 습관과 기술을 학습에 적용하는지 확인해야 합니다.

그러나 습관 형성의 네 번째 단계인 '유지의 단계'에 들어서면 아이 스스로 변화가 자신에게 가져온 이득을 확실히 느끼므로 부모와 실랑이 없이도 좋은 습관을 계속 유지합니다. 아이가 좋은 습관을 지속하게 되면 중간중간 점검하고 피드백을 하며 새로운 습관을 형성하기 위해 도전할지, 현재 습관이 흔들리는 것은 아닌지 관찰할 필요가 있습니다. 물론 유지 단계에 들어선 습관은 흐트러지더라도 빠르게 다시 회복됩니다. 새로운 학습 습관과 기술을 훈련할 때마다 또 이렇게 4단계를 거치게 됩니다.

저항의 시기, 공감으로 이겨내세요

아이가 "오늘 너무 힘들어서 공부하기 싫은데"라고 이야기를 하면 어떤 답을 해주고 싶나요? 저도 마음속으로 몇 개의 문장이 떠오르는데요. '야, 그것도 힘들다고 하면 커서 어떻게 살래?' '다른 친구들 하는 거랑 비교하면 정말 공부한다고 하기도 창피하다'와 같은 말이 10개쯤 튀어나옵니다. 아이의 짜증 한 마디, 불평과 불만이 왜 부모의 마음을 짓누르고 힘들게 할까요? 그 이유는 우리가 아이를 사랑하는 마음을 가진 부모이기 때문입니다. 이 세상의 모든 부모는 아이가 고통스럽거나 괴로워할 때 그 아픔이 마치 나의 아픔인 것처럼 느낍니다. 그래서 문제를 해결해주고 싶어 하고, 돌봐주고 싶지요. 아이가 어릴 때를 떠올려보세요. 열에 시달리는 아이의 이마에 해열 패치를 붙이고, 수시로 따뜻한 차를 먹여가며 내 몸보다 더 살뜰히 돌봐주지 않았나요? 징징거리는 모습조차도 안쓰럽고 안타까워 팔이 떨어져 나갈 듯 뻐근해도 아이를 안고 버티잖아요.

공부 습관 형성의 시작은 정해진 공부량을 다 해내야 한다는 사실을 받아들이는 데 있습니다. 부모와 약속은 했지만, 아이는 학습 계획을 이행하게 된 첫날 내가 공부를 하게 되었다는 사실을, 혹은 이전에 비해 많은 양의 계획을 세웠다는 사실을 바로 받아들이기 어렵습니다. 머리로는 이해가 되지만 몸은 준비가 안 된 상태이기 때문입니다. 물론 계획을 세우며 아이의 투덜거림을 예상한 부모는 "오늘은 꼭 계획을 지키자" 하며 아이에게 미리 약속을 단단히 받아냅니다. 알겠다고 흔쾌히 대답했더라도 아이는 막상 공부할 시간이 되면 '공부하지 않은 어제도 별일이 없었는데, 오늘 하루 정도 계획을 지키지 않더라도 별 탈이 없을 거야'라고 생각하며 빠져나갈 궁리를 합니다. 버티고 버티다 정말 공부를 해야 하는 상황에 직면하게 되면 마지막으로 작은 행패를 부리기 시작합니다. '내가 왜 이렇게 어려운 걸 해야 하냐, 친구들은 아무도 안 한다, 동생은 TV 보는데 왜 나만 공부해야 하냐, 하라고 하니까 더 하기 싫다' 하고 징징대며 부모의 속을 긁습니다.

이러한 저항의 시기에 부모는 어떤 태도로 대화해야 할까요? 기억하세요. 이때 가장 중요한 것은 '공감'입니다. 아이의 표정과 몸짓을 따라 하며 아이의 마음을 느껴보는 것이지요. '어깨가 축 처지고 몸에 힘이 하나도 없구나. 그동안 안 하던 일을 처음 시작하니 답답하고 막연하게 느껴지겠지. 갑자기 하려니 모른 척도 하고 싶겠지. 앉아있기 자체를 안 하던 아이인데 얼마나 갑갑하겠어'라며 마음속으로 아이의 상태를 이해해야 합니다. 이게 가능하냐고요? 사실 많은 부모가 이러한 순간에 아이의 마음에 공감하기 어려워합니다. 이타심과 이해력이 부족해서일까요? 그렇지 않습니다. 부모들이 아이의 공부를 지도하며 아이에게 공감하기 어려운 이유는 아이의 마음에 공감해주는 순간, 계획을 반드시 지키게 하겠다는 나의 의지가 약해질까 두려운 마음이 들기 때문입니다. 그래서 아이의 마음을 아예 보지 않는 것이지요.

하지만 기억하세요. 공감한다고 꼭 아이의 의견을 수용해야 하는 것은 아닙니다. 공감은 상대의 의견에 따르는 것이 아닙니다. 공감은 아이의 의견에 대한 동의가 아닙니다. 공감은 '바라봄'입니다. 진정한 공감은 아이의 마음과 나의 마음을 동시에 바라보는 것에서 시작되지요. 아이의 상태를 있는 그대로 바라보고 그런 상태를 동의해주는 것. 그리고 그 순간 부모 자신의 욕구와 의도를 동시에 바라보는 것. 이것이 진짜 공감입니다. 누군가는 얻고, 누군가는 잃는다면 그것은 다툼이지요. 공감에는 승패가 없습니다.

아이와의 관계를 망치기 싫다면 2가지를 기억하세요

첫째, 간섭이 아니라 개입이 필요합니다

어른들에게도 하기 싫은 일과 미루고 싶은 일이 있습니다. 명절이 다가오면 장거리 운전이나 차례 음식 만들기로 마음이 무거워지기도 하고, 계절이 바뀌어 옷장 정리를 해야 할 시기가 오면 몸이 움직이지 않기도 하지요. 이때 누군가가 "어차피 할 일인데 기분 좋게 해"라고 말하거나 "당연히 네가 할 일인데 왜 힘들다고 투덜거려?"라고 이야기한다면 어떤 기분이 들까요? 아무리 그 말이 옳다고 하더라도 마음이 뾰족해지며 '별걸 다 간섭이야!'라는 반감이 올라옵니다. 생각처럼 마음이 따라주지 않을 때, 아무리 노력해도 몸이 움직여지지 않을 때가 누구에게나 있습니다. 만약 상대가 나의 마음을 조금이라도 이해해주었다면, "그래, 귀찮은 일이긴 해"라거나 "요즘 열심히 했잖아. 좀 쉬면 다시 의욕이 생길 거야"라고 이야기해주었다면 조금은 힘이 나지 않았을까요?

아이도 마찬가지입니다. 부모의 개입은 아이에게 힘을 주지만, 간섭은 아이의 힘을 빠지게 합니다. 그렇다면 개입과 간섭의 차이는 무엇일까요? 개입은 '자신과 직접적인 관계가 없는 일에 끼어드는 것'입니다. 간섭은 '직접 관계가 없는 남의 일에 부당하게 끼어드는 것'입니다. 개입과 간섭은 한 끗 차이입니다. '부당한가, 아닌가'가 그 기준이지요. 아이에게 좋은 행동을 가르쳐주는 일은 마땅히 해야 할 부모의 역할입니다. 부모는 자신의 행동이 개입이라고 하고, 아이는 간섭, 즉 잔소리라고 합니다. 부모와 아이의 의견이 다를 때 부모의 행동이 부당한지 아닌지를 어떻게 알 수 있을까요?

아이에게 좋은 행동을 안내하기 위한 부모의 모든 노력은 개입입니다. 그러나 이때 부모가 자신과 아이의 경계를 존중하지 않는다면 이것이 바로 간섭입니다. 예를 들어, 아이가 빨리 놀고 싶은 마음에 문제를 대충 풀었습니다. 부모가 아이를 불러 부족한 부분을 완성하도록 요구합니다. 똑바로 할 때까지 붙잡아두는 부모에게 아이는 화가 날 수 있습니다. 이 마음은 아이의 것입니다. 부모에게 짜증을 낸다면 "짜증이 나는 마음은 알지만, 그 짜증은 네가 이겨내야 해. 내가 해결해줄 수 없어" 정도의 태도로 넘어가면 됩니다. 이때 아이가 고분고분하게 부모의 말을 듣길 바라는 마음은 부모의 마음이지요. 아이의 짜증에 화가 난 부모가 "네 숙제인데 당연히 할 일을 하면서 왜 짜증이야!"라고 소리친다면 이것은 부모가 아이의 경계를 침범한 것입니다. 습관 형성의 과정에서 아이는 원망, 섭섭함, 분노, 죄책감, 서글픔, 짜증 등의 마음을 느낄 수 있습니다. 이러한 마음은 누군가의 통제와 지시를 받을 때 누구나 가질 수 있는 당연한 마음이지요. 자연스럽게 올라온 아이의 마음마저 부모의 마음대로 좌우하려 들면 이것은 아이의 경계를 부수고 부모가 아이의 전부를 뒤흔들려는 상황이며, 바로 이것이 간섭입니다. 이와 다르게 불만에 가득 찬 마음을 존중하고 자신의 마음이 좋지 않더라도 올바른 행동을 해야 함을 받아들이게 하는 것. 이것이 바로 개입입니다.

학습은 아이를 신나게도, 괴롭게도 합니다. 학습에 대한 부모의 개입이 아이의 입장에서는 자유를 제한하는 고통으로 느껴질 수 있습니다. 하지만 이 개입이 꼭 필요한 개입이라면 아이는 고통의 시간을 이겨내야만 합니다. 성장의 과정이기 때문이지요. 아이의 부정적인 감정이 필요한 순간이라면 아이를 억누르려 하지 말고 응원의 눈으로 바라봐주세요.

둘째, 가치를 담으세요

학습지도를 위한 훈육에는 되도록 감정을 싣지 마세요. 아이들이 부모의 흔들리는 마음을 바로 알아챕니다. 그리고 부모의 마음에 반응하지요. 아이를 기르며 부모의 마음에는 아이에 대한 상image이 생깁니다. '너무 느려서 내 속을 터지게 해!' '짜증이 많은 아이라 언제 신경질을 낼지 몰라 불안해' 하는 식의, 아이에 대한 나의 일관된 생각이 머릿속에 자리를 잡습니다. 그리고 다루기 어려운 아이의 모습을 맞닥뜨리면 부모는 분노와 더불어 무력감에 휩싸입니다. '아무리 노력해도 소용없어. 쟤는 늘 저런 식이야. 날 정말 미치도록 화나게 만들지' 내가 원하는 방향대로 움직여지지 않는 아이에게 절망의 눈빛을 보이기도 합니다.

하지만 잊지 마세요. 아이는 부모의 말이 아니라 부모의 눈빛과 표정을 보며 자신이 어떤 사람인지 알아나갑니다. 내가 이 세상에 환영받고 있는가, 내가 성장 가능한 사람인가, 부모가 나의 떼를 받아줄 것인가, 내 분노를 계속 용납해줄 것인가. 아이는 이 모든 것을 부모의 눈빛에서 읽어냅니다. 그러므로 아이의 문제에 개입하기 전에 어떤 기준에서 일관성을 유지할 것인지 분명히 정해야 합니다. '엄마는 너를 즐겁게 해주는 사람이 아니야. 너를 돌보고 네가 잘 해나갈 수 있도록 길러주는 사람이야. 그래서 엄마는 네가 원하는 것을 다 들어주지 않아. 실망스럽겠지만 그 마음은 네가 한번 견뎌보자. 그러면 너 스스로 할 수 있는 일들이 더 많아질 거야.' 이런 단단한 마음을 눈빛으로 드러내야 아이도 저항이 소용없음을 빠르게 받아들입니다.

공부 습관을 형성하고 학습에서 독립을 이루어내도록 부모는 아이에게 이로운 행동을 가르치고 기릅니다. 이것을 '훈육'이라고 부르지요. 초등 아이의 훈육에는 반드시 가치가 담겨야 합니다. "마음대로 행동하고 싶다는 건 이해해. 엄마도 그럴 때가 있어. 하지만 우리가 그 일로 어떤 일이 벌어질지 생각해보는 것도 필요해" "원하는 대로 하고 싶지만 나중에 벌어질 일을 생각해보고, 하고 싶은 마음을 참아낸다면 너도 책임감 있는 사람이 되는 거야"라는 말처럼 부모가 잘못을 탓하고 비난하는 것이 아니라 어떤 방향으로 성장하기를 바라는지 분명히 제시해야 아이가 자신의 행동을 수정해나가기 쉽습니다. 그리고 자신이 어떤 가치와 덕목을 가진 사람인지 분명히 알고, 자신의 노력에 자긍심을 갖게 되지요. 훈육은 아이가 해낼 수 있는 부분에서 시작되어야 하고, 아이가 스스로 가치를 실천하고 자신의 성공을 확신할 수 있을 때 마무리되어야 합니다. 훈육은 아이의 문제를 처벌하는 것이 아니라, 아이에게 이로운 가치를 가르치는 일입니다.

02

공부 습관,
무엇부터 시작할까요?

연수 어머니는 초등 3학년이 된 연수가 학교에서 본 수학 단원평가 점수가 낮아 친구들 앞에서 창피했다는 이야기를 들은 후 고민에 빠졌습니다. 집에서 공부해보기로 마음을 먹었는데, 어머니도 익숙하지 않으니 약속한 분량을 정해진 시간에 풀게 하기 어려워서 계획이 지지부진해졌지요. 학원 선생님이 숙제를 내주시면 연수가 성실하게 공부할 것 같아 학원에 다녀보자고 하니 연수는 싫다고 합니다. 1학년 때부터 국어와 한자, 수학 학습지를 풀어왔고, 자기 학년의 연산은 그럭저럭 합니다. 하지만 이번에 받아온 시험지를 보니 연수는 개념 응용문제를 어려워하고 있었지요. 아무래도 수학 학습이 부족했던 것 같아 연수 어머니는 수학 문제집을 더 풀게 하고 싶습니다. 하지만 공부를 더 하자고 하면 연수가 공부를 싫어하게 될까 걱정이 되었어요.

공부에 긍정적인 감정을 갖는 일은 중요합니다. 공부할 때 부정적인 감정을 반복적으로 느끼면 공부에 대한 안 좋은 기억이 쌓이고, 아이의 뇌에 '공부는 하기 싫고 재미없는 것'이라는 신념이 확고해지지요. 연수 어머니도 연수의 공부 정서가 나빠질까 걱정되어 학교에서 돌아오면 가볍게 학습지 정도만 풀게 했습니다. 그리고 연수에게 "반에서 꼴등을 하거나 시험 점수가 안 좋아도 괜찮아"라고 이야기했지요. 재촉하지 않고 연수의 속도를 존중하겠다고 마음먹은 겁니다.

그런데 힘들지 않게 공부하도록 배려하는 것으로 공부에 대한 긍정적인 정서를 키워줄 수 있을까요? 연수가 편안해하는 만큼만 공부하면 '공부는 힘들지 않으니 재미있다. 공부는 어렵지 않으니 즐겁다'라는 긍정적 신념이 만들어질까요? 아닙니다. 공부 정서를 긍정적으로 심어주고 싶다면, 공부하며 긍정적인 정서를 느끼도록 도와야지요. 공부하며 부정적인 정서를 느끼지 않게 한다고 공부 정서가 좋아지지는 않습니다. 연수 어머니는 이 부분에서 '아하!' 하고 무릎을 탁! 쳤습니다. 공부를 싫어할까 봐 두려워하는 부모의 마음 안에 '공부는 재미없고 힘들다'라는 신념이 이미 깔려 있었음을 깨달은 것이지요.

공부하며 힘들어하는 아이에게 "이제 3학년이 되었으니 이 정도는 징징대지 말고 해야지!" "어차피 해야 할 거 기분 좋게 하면 안 되니? 왜 이리 짜증이야!"라는 식으로 비난의 말을 건넨다면 아이는 당연히 부정적인 공부 정서를 갖게 되겠지요. 하지만 공부가 싫고 짜증이 날 때 "그래, 처음부터 쉬운 건 없어. 엄마도 무언가 시작할 때는 하기 싫어서 버티고 싶은 마음이 들더라" "잘하고 싶은 마음이 많으면 시작하기 전에 마음이 무거워. 지금 그 마음 아빠도 이해해. 우리 한번 견뎌보자"라는 이야기를 부모에게 듣는다면 아이는 어떤 공부 정서를 갖게 될까요? '나만 힘든 건 아니구나. 투정을 부릴 수도 있지만 견디고 노력할 수도 있구나. 내가 힘들어도 이 상황을 피할 수는 없구나'와 같은 마음이 올라오겠지요. 공부에 대한 긍정적인 정서는 즐겁게 공부하는 과정에서 얻어질 수도 있지만, 힘들고 어려운 과정을 이겨낸 후 느껴지는 자부심과 보람에서 생겨날 수도 있습니다. 힘들다고 피하지 않고, 당당하게 맞서 해결하면 우리는 더 성장한 나를 만나게 됩니다.

새로운 학습을 시도할 때 중요한 점은 잘 해냈다는 결말을 만드는 것입니다. 아이의 시도가 성공 경험이 되도록 하는 데 목표를 둬야 합니다. 공부 분량은 점점 늘려나가면 되니 큰 문제가 아닙니다. 우선 '나는 할 수 있다'라고 확신하게 해주어야 하지요. 초등 저학년 시기에 학교에서 배우는 내용 자체가 어렵지는 않지만, 지능의 발달이 다소 더디거나 기질적으로 습관 형성에 시간이 많이 드는 아이는 초등 1학년 때부터 학교에서 배운 내용을 복습하는 학습 습관을 들여줄 필요가 있습니다. 이때 아이의 기질을 이해하고 있다면 공부를 시작하기 부담스러워 뭉그적거리는 아이에게 "얼른 시작해! 꼭 소리를 질러야 하니?"가 아니라 "이것저것 호기심이 많은 네가 책 속의 글자에만 집중하려니 지겹지. 하지만 매일 해야 할 분량을 잘하고 있잖아. 오늘도 열심히 해보자"라는 응원하는 말을 할 수 있습니다. 아이의 지능 특성을 알고 있다면 "도형이 좀 어렵게 느껴지는구나. 색종이로 직접 만들어볼까?"
와 같은 말로써 구체적인 도움을 줄 수도 있습니다. 초등 시기는 기질
을 조절하는 방법을 익히고, 지능을 훈련하는 시기입니다. 부모가 아
이의 변화를 반영해주면 아이는 자신의 성장을 알아차리고 더 나은 자
신으로 발전하려고 노력합니다. 공부 습관의 형성은 이 원리를 활용합
니다. 아이가 도전해볼 만한 계획을 세우고, 아이가 이루어낸 성공을
근거 삼아 다음 단계의 도전을 시작해보는 것이지요. 그럼 지금부터
하나씩 살펴보겠습니다.

아이를 기다려줘야 할지, 밀어붙여야 할지 고민된다면

초등 6학년인 선아의 어머니는 일요일 저녁마다 선아에게 한바탕
소리를 지릅니다. 선아는 공부하라고 계속 이야기를 해야 겨우 할 일
을 마치는 아이인데요. 주말 동안 해야 할 숙제를 미루고 미루다 일요
일 저녁이 되어 시간이 급박해지면 결국 꾹꾹 참았던 어머니의 울화
가 터지지요. 이렇게 참고 기다려주었는데 왜 알아서 안 하나 싶어 화
도 나고, 그렇다고 애가 울 때까지 소리를 지르는 게 맞나 싶기도 하
고. 선아 어머니는 도대체 언제까지 기다리고 언제부터 밀어붙여야 하
는지 고민이 됩니다.

학습을 잘 해내려면 적절한 기술이 필요합니다. 학습 기술은 하루아

침에 형성되지 않습니다. 학교 입학 전 부모의 지시를 이해하고 따르는 훈련을 한 아이는 초등 저학년 시기에 일정한 시간에 잠들고 일어나는 생활 규칙을 완성하며 자신의 신체적 활력을 관리하는 방법을 배웁니다. 잘 자고 일어나 좋은 컨디션으로 등교하여 수업에 적극적으로 참여하면서 선생님에게 인정받고, 학교생활을 잘 해나가는 것은 자신의 동기를 조절하는 능력을 키워나가는 시작점이지요. 등교 시간을 지키거나 학교 활동을 잘 따라가거나, 자신이 좋아하는 분야에 도전해보고 유능해지는 경험은 사회에서 바람직하다고 여기는 행동을 자기 것으로 내면화하는 데 큰 도움이 됩니다. 초등 저학년 시기의 이러한 경험은 초등 고학년 시기에 본격적인 학습 전략을 익히는 데 중요한 에너지원이 됩니다.

학년이 올라가며 해야 할 일의 가짓수가 늘어나면 정해진 시간 안에 해야 할 일을 마칠 수 있도록 우선순위에 맞추어 계획을 세우고 시간을 활용하는 연습이 필요합니다. 중요한 일과 시급한 일을 첫 순위에 두고 자신에게 주어진 시간을 어떻게 활용할지 가늠해보는 훈련을 초등 고학년에는 시작해야 하지요. 초등 저학년 아이에게는 "이제 숙제할 시간이야"라고 말해줘도 무방하지만, 초등 고학년 아이에게는 "오늘 해야 할 일이 뭐지? 지금 뭐부터 할까?" 하고 아이가 스스로 계획을 세워보도록 질문해야 합니다. 이런 과정을 충분히 거쳐도 어떤 아이는 미적거리며 공부를 정해진 시간에 마무리하지 못할 수 있습니다. 하지만 만약 아이가 자기 공부를 자신에게 주어진 시간 안에 어떻게 할 것인지 계획을 세우는 과정에 관한 대화조차 해본 적이 없다면 아이는 할 일을 미루는 아이가 아니라 자신의 시간을 어떻게 사용할지 생각하는 법을 모르는 아이일 수 있습니다.

초등 6년 동안 아이는 몸과 마음, 생각이 자라며 점점 자신의 선택과 결정을 중요히 여깁니다. 부모님의 판단이 올바를 수 있지만, 아이는 자신의 판단대로 행동했을 때 어떤 결과를 만나게 될지 경험해야 합니다. 이 과정을 통해 자신의 부족한 점을 수정하고 발전의 방향을 스스로 찾아가는 힘을 기를 수 있습니다. 선아 어머니는 선아에게 해야 할 일을 지시하고 이끌어주긴 했지만, 자기 일을 스스로 완수하도록 기회를 주어본 적은 없습니다. 일요일 오후 "얼른 숙제 시작하자. 언제까지 미룰 거야?"라고 이야기하며 화를 참는 대신, "이제 저녁 먹기 전까지 3시간 남아있어. 오늘 할 일을 그때까지 마치는 게 가능할까?" "언제 시작할 생각이야? 짧은 시간 안에 쉬지도 않고 끝까지 마무리하는 게 가능할까?" "전에 이 숙제를 하는 데 시간이 얼마나 걸렸지? 지난 일요일에는 2시간 정도 걸렸는데, 오늘도 그 정도면 될까?" 등의 이야기를 나누며 아이가 자신의 계획을 세우고 실천 가능성을 구체적으로 예측해볼 수 있도록 도왔다면 어땠을까요?

부모가 당장 들어가 공부하라며 소리를 지르는 것이 아이의 즉각적인 행동 변화에는 효과가 있을지 모릅니다. 하지만 아이의 내면에서는 다릅니다. 스스로 자신의 목표를 관리할 수 있으려면 시행착오를 경험해보아야 합니다. 선아 어머니는 선아가 정해진 시간을 어떻게 보낼지 스스로 간단하게 정리해보거나, 해야 할 일들을 목록화하고 무엇을 먼저 할지 적어 우선순위를 선별해보도록 지도해야 합니다. 그러면 선아는 순종하는 방법이 아니라 성공하는 방법을 배울 수 있습니다.

아이와 간단히 해볼 만한 작업을 소개해드립니다. 종이 한 장과 펜을 가지고 아이 옆에 가서 이야기를 나누며 해야 할 일의 목록을 적고 우선순위를 나누어보는 것이지요. 그리고 중요하지만 급하지 않은 일을 미루다 보면 시간이 흘러 결국 그 일이 급한 일이 되어 우릴 압박하게 된다고 설명해줍니다. 특히 할 일을 해내면서 여유도 누리고 싶다면 중요하지만 급하지 않은 일을 미리미리 계획을 세워 하나씩 해두는 것이 중요하다는 것을 알려주세요. 마지막으로 아이에게 지금 무엇부

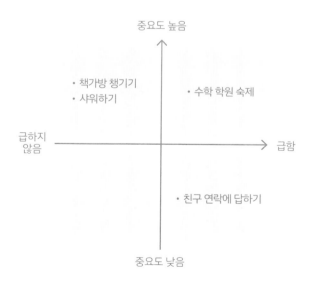

터 할 것인지 계획해보라고 한 뒤, 자리에서 일어나면 됩니다. 이제 그 계획에 따를 것인지 아닌지는 아이의 몫이지요. 당장 행동이 변화하지 않아도, 아이는 이제 급하지 않은 중요한 일을 미루면 그 일이 곧 급한 일로 다가오게 된다는 사실을 알게 됩니다.

초등 저학년 아이는 공부하는 데 필요한 시간을 가늠하기 어렵습니다. 이때는 해야 할 일의 우선순위를 정하게 하기보다는 "지금 숙제를 시작하지 않으면 저녁에 TV를 보며 식사하고 쉬는 건 불가능해. 숙제 시작하자"라고 알려주는 것이 적절합니다. 혹은 "게임이 재미있겠지만, 이제 멈추고 해야 할 일을 시작할 시간이야. 처음엔 게임을 더 하고 싶어서 속상하고 아쉽겠지만, 시간이 지나가면 공부에 집중할 수 있어. 그때까지 버텨보자"라고 이야기할 수도 있겠지요.

하지만 초등 고학년 아이는 슬슬 수학 숙제에 걸리는 시간이나 영어 단어 암기에 필요한 시간을 예측해볼 수 있습니다. 그러므로 초등 6학년이 된 선아는 계획을 세워 시간을 활용해보는 훈련을 시작하기에 적당합니다. '6학년이나 되었는데 이제 좀 알아서 할 때도 되지 않았나' 하는 선아 어머니의 기대는 스스로 시간 관리를 해본 경험이 없었던 선아에게 무리입니다. 그렇다고 하나하나 지시하며 부모가 끌어가기에는 선아가 많이 자랐습니다. 선아가 스스로 해낼 수 있도록 기회를 주는 것이 지금 이 시기에 필요합니다.

아이가 길러나가야 할 학습 기술을 알아봅시다!

학습 기술은 학습 자료를 기억하고 인출하며 학습 과정을 계획하고 조정하는 인지 기술과, 노트 작성, 읽기, 수업 활용, 시험 준비 등의 공부 방법과, 자신에게 주어진 시간이나 주변 환경 등의 자원을 통제하고 관리하는 자원 관리 기술로 크게 나누어볼 수 있습니다. 아이가 학습 기술의 어느 영역에서 어려움을 겪고 있는지 안다면 구체적인 개입도 가능하겠지요.

지능 발달이 빠른 아이는 주변의 도움 없이 인지 기술을 스스로 터득하기도 합니다. 하지만 그렇지 않은 아이라도 부모가 아이의 학습 과정에 관심을 보이고, 아이가 자신의 인지 과정을 검토할 수 있도록 적절한 질문을 던져주면 단기간에 성장할 수 있습니다. 시간과 훈련이 관건이지요. 학습에서 아이의 인지 기술을 훈련할 때 "똑바로 읽으라고 했지!" "공부했다면서 왜 내용을 기억 못 해!"라고 다그치지 마세요. 주의집중, 기억, 정교화 전략을 한 번에 모두 시도하면 부모와 아이 모두 과부하에 걸립니다. 주의집중 전략을 충분히 잘 사용하는 아이라면 기억 전략을, 기억 전략을 잘 사용하는 아이라면 정교화 전략을 선택해서 차근차근 지도해주세요.

분류	학습 기술	정의 및 예시	훈련 적기
인지 기술	주의 집중 전략	집중을 유지할 수 있는 능력과 집중이 어려울 때의 대처 방법이 있는가? • 집중이 잘 되는 시간 단위로 계획을 세운다. • 집중이 안 되면 학습 자료를 소리 내어 읽는다. • 집중하기 위해 심호흡하고 마음을 차분하게 한다. • 학습 과제에서 중요한 부분이 무엇인지 떠올린다.	1~2 학년
	기억 전략	학습 정보를 정확하게 기억하는 방법을 얼마나 사용하는가? • 암기 노트를 작성하여 반복 학습을 한다. • 학습 후 흰 종이에 내용을 정리한 후 부족한 부분을 암기한다. • 밑줄을 그으며 책을 읽는다. • 노트필기를 한다.	3~4 학년
	정교화 전략	학습 내용과 알고 있는 내용을 접목하여 학습 정보를 정교화할 수 있는가? • 질문을 만들어 답한다. • 가지 그림이나 마인드맵으로 학습 내용을 위계화한다. • 이전 학습 내용과 새로 배운 내용 사이의 관계를 설명한다.	5~6 학년

공부 방법은 학교 학습을 시작하며 자연스럽게 성장해나갑니다. 학교에서 배우는 학습 내용이 늘어나는 것에 맞추어 초등 저학년 시기에는 수업 태도가, 초등 중학년에는 읽기 기술이, 초등 고학년에는 노트 필기 기술이 발달할 수 있도록 도와주어야 합니다.

학교에서 아이는 활동을 위주로 친구들과 협력하며 배울 수 있도록

분류	학습 기술	정의 및 예시	훈련 적기
공부 방법	수업 태도	수업 시간에 적극적으로 참여하고 수업을 통해 중요한 내용을 파악할 수 있는가? • 이전에 배운 내용과 현재 학습 내용을 연결하며 듣는다. • 중요한 부분이 무엇인지 생각해보며 듣는다. • 수업에서 이해되지 않는 부분은 질문하여 해결한다.	1~2 학년
	읽기 기술	읽은 내용을 이해하고 핵심 내용을 파악할 수 있는가? • 저자의 마음으로 글에 제시된 내용의 순서나 전달하려고 하는 핵심을 생각하며 읽는다. • 제목이나 요약, 도표나 굵은 글씨를 전체적으로 살펴본 후 읽는다. • 책의 내용을 통해 나만의 질문을 만들어본다. • 중요한 내용이나 요약어를 간결하게 메모하며 읽는다.	3~4 학년
	노트 필기	수업 및 학습 내용을 필기하며 중요한 핵심 내용을 요약할 수 있는가? • 시험에 나올 내용이나 중요한 내용에 표시한다. • 선생님이 강조하는 내용과 자기 생각을 구분하여 적는다. • 도표나 표, 선생님의 질문 등 요점이나 강조점을 필기한다.	5~6 학년

구성된 수업을 경험합니다. 부모 세대가 선생님의 강의를 일방적으로 듣던 주입식 교육과 달리, 요즘 아이들은 수업 시간에 자기 생각을 정리하고 친구들과 생각을 나누는 과정을 통해 지식을 창조하고 탐구하는 방법을 배웁니다. 자기 주도성과 자발성이 있어야 학교 수업을 적극적으로 참여할 수 있습니다.

분류	학습 기술	정의 및 예시	훈련 적기
자원 관리	시간 관리	학습할 시간을 계획하고 확보하고 실천해나가는 방법을 알고 있는가? • 계획을 세우는 시간이 확보되어 있다. • 해야 할 일의 우선순위를 매길 수 있다. • 계획별로 요구되는 시간을 안다. • 구체적인 달성 방법(언제, 어디서, 어떻게)을 기록할 수 있다.	전학년
	공부 환경	집중에 도움이 되도록 공부 환경을 조성할 수 있는가? • 적절한 수면 시간과 휴식 시간이 있다. • 학습 자료를 바로 찾을 수 있도록 정리되어 있다. • 학습을 바로 시작할 수 있는 책상이 있다. • 집중에 방해되는 물건을 스스로 차단할 수 있다.	전학년

학교 학습과 관련한 배경지식을 가지고 있거나, 학습 내용을 숙지하여 활용하는 공부 기술을 가진 아이는 수업 활동에 더욱 흥미를 높일 수 있습니다. 교과서의 내용을 같이 살펴보며 학교에서의 활동 내용을 물어보세요. 부모의 작은 관심이 아이가 학교 학습에 적극적인 태도를 키우도록 도울 수 있습니다.

자원 관리는 기질적 특성의 영향을 많이 받습니다. 기질적으로 자극추구 기질이 높고 인내력이 낮은 아이는 시간 관리와 공부 환경 관리에서 오랜 기간 부모의 지도와 조력이 필요합니다. 아이에게 시간과 환경을 관리하도록 지시할 때 명확한 표현을 사용하세요. 아이를 비난하거나 평가하는 표현을 사용하면 아이의 자존감이 낮아져 문제의 해결이 더욱 어려워집니다. "어제는 아빠랑 했으니 오늘은 어제 계획 세운 것을 보며 혼자 적어볼까?"와 같이 스스로 해보도록 유도하며, 아이가 스스로 해낸 결과물이 서툴더라도 칭찬해주세요. 기질은 빠른 변화가 어려우므로 장기적인 관점을 가지는 것이 필요합니다.

아이의 기질과 지능을 고려해 우선순위를 세워요

매사에 적극적이고 유머러스한 경수는 반에서 친구들에게 가장 인기 있는 아이입니다. 초등 3학년이 되어 경수의 공개수업을 다녀온 이후 경수 어머니는 고민이 생겼어요. 경수가 수업에 적극적으로 참여하긴 하지만 수업 내용에 상관없는 이야기를 손을 들고 말하거나, 자신에게 이목이 쏠리지 않는 상황에서는 집중도가 급격히 떨어지는 모습을 보았기 때문입니다. 경수 어머니는 경수의 주의집중력과 수업 태도, 시간 관리 기술 모두가 문제라고 한탄하며 학습 습관을 어떻게 잡아줄지 고민에 빠졌습니다.

앞서 이야기했듯이 기질 특성과 지능 발달에 따라 학습 기술은 습관이 드는 데 걸리는 시간이 달라집니다. 먼저 아이의 기질과 지능의 강점과 약점을 파악하여 어떤 학습력을 길러야 하는지 우선순위를 매겨볼 필요가 있습니다. 경수는 기질적으로 자극추구 기질이 강하며, 이해 능력보다 추론 능력이 부족한 편이었습니다. 특히 도형 부분은 직관적으로 문제를 해결하다 보니 자신이 어떻게 문제를 풀었는지 기억하지 못할 때도 있었지요. 문제에 차근차근 접근하는 자기만의 절차를 만들 필요가 있었습니다. 마지막으로 학습 기술의 발달 정도도 살펴보아야 하는데요. 경수 어머니는 경수가 수업에 집중하지 못한다고 걱정했지만 경수의 담임선생님은 그날 경수가 공개수업에 참여한 어머니의 눈에 띄고 싶어 그렇게 행동한 것이지 평상시 수업 태도는 좋은 학생이라고 이야기했습니다. 다만 성격이 급한 편이니 차분하게 책을 읽거나 학교에서 배운 내용 중 모르는 부분을 복습하는 습관을 들이면 좋겠다고 조언해주셨어요. 3학년이 된 만큼 읽기 능력이 중요해졌으니 읽기 기술을 훈련해보기로 했습니다.

분류	강점	약점	길러야 할 학습력
기질	• 호기심이 많다. • 적극적이다.	• 집중이 어렵다. • 힘들면 쉽게 포기한다.	주의 집중력
지능	• 글을 읽고 이해하는 능력이 뛰어나다.	• 도형의 개념 이해가 어려움. • 전략을 세우기보다 시행착오를 통해 문제를 해결함.	주의 집중력
기술	• 수업 태도가 좋다.	• 책을 읽고 핵심 내용을 잘 기억하지 못함. • 배운 내용을 익히는 시간이 필요함.	읽기 전략

학습 습관을 들일 때 목표와 속도는 부모의 바람이 아니라 아이의 역량을 기준으로 시작해야 합니다. 부모가 습관 형성을 이끌어나가지만, 그것을 해내는 일은 오롯이 아이의 몫이기 때문입니다. 아이의 기질과 지능 발달, 학습 기술의 발달 수준을 살펴보고, 아이가 가능한 것, 아이에게 가장 필요한 것을 가려내야 합니다. 아이가 기질을 조절할 수 있도록 돕는 방법과 지능 특성에 따른 지도 방법은 앞서 안내했습니다. 이번에는 습관을 형성하는 과정에서 부모가 아이의 협력을 이끌어내는 방법에 초점을 맞추고자 합니다. 아이의 문제를 고치려고 하기보다, 아이가 해내지 못하는 이유를 찾아본다고 생각하면 습관 형성의 과정이 가볍게 느껴질 것입니다. 지금부터 하나하나 시작해볼까요?

습관 형성을 방해하는 걸림돌을 하나하나 치워나가요

공부를 스스로 하게 한다는 목표는 하나여도 공부 독립으로 가는 과정은 아이마다 다릅니다. 아이의 성향과 학습에 대한 경험, 학습에서의 목표가 모두 다르기 때문이지요. 그러므로 아이의 학습 습관 형성에서 부모가 무엇을 기대하는지 목표를 기술하는 것이 첫 번째 할 일입니다. 이때 부모의 기대를 정확한 문장으로 기록하는 것을 추천합니다. 목표를 분명히 해두면 부모가 세운 목표가 아이에게 적합한지 검토할 수 있으며, 중간에 문제가 발생하면 목표를 점검하는 것부터 다시 시작하여 혼란에 대비할 수 있기 때문입니다. '혼자 알아서 공부하면 좋겠습니다' '말하면 좀 한 번에 따르기를 바랍니다' 등 두루뭉술하게 기술한 부모의 기대는 습관 형성 과정에서 아이에게 전달할 부모의 지시를 모호하게 만듭니다. '주말 저녁 6시 전에는 숙제를 다 한다' '공부를 시작하라고 부모가 이야기하면 바로 지시에 따른다'라고 목표를 세우면 부모의 지시도 이 목표에 따라 분명해집니다. "6시 전에 숙제를 마쳤으면 좋겠어. 그러면 언제 시작하면 될까?" "공부하러 방에 들어갈 시간이야. 이제 자리에서 일어나"라고 아이에게 이야기하는 것은 "혼자 알아서 해!" "한번 이야기하면 좀 들어라"라고 말하는 것에 비해 부모가 무엇을 기대하는지가 분명하게 드러납니다.

1단계 | 성공 목표를 문장으로 정의하기

① 아이가 ~한 부분을 ~하도록 발전시키겠다.
예 아이가 책을 읽었지만 충분히 이해하지 못하는 부분을, 독서 후 책의 줄거리를 정리하여 이야기할 수 있도록 발전시키겠다.
② 아이가 ~할 때 ~하도록 돕겠다.
예 아이가 공부를 시작할 때, 공부할 시간이라고 말하면 빠르게 책상 앞에 앉도록 돕겠다.
③ 아이의 학습에서 ~이(가) 문제이므로 ~하도록 이끌어주겠다.
예 아이의 학습에서 아이가 숙제를 건성으로 하는 것이 문제이므로, 학원 숙제를 완벽하게 하도록 이끌어주겠다.

아이의 학습에 어떤 문제가 있고, 어떻게 해결하고 싶은지 3문장 이내로 적어봅니다. 무엇을 문제로 여기고 어떤 방향으로 아이를 변화시키고 싶은지 명확해야 습관 형성의 흔들리지 않는 기준을 세울 수 있습니다. 왼쪽 표를 참고하며 아이의 학습 습관 형성에서 부모님이 바라는 성공의 방향을 문장으로 정의해보세요.

2단계 | **목표 문장 검토하기**

아이의 학습 문제에서 해결하고 싶은 문제를 성공 목표로 작성했다면 이 문장을 3가지의 기준에서 검토해보세요. 첫째, 문장의 목표가 실천 가능한지 살펴보세요. 아이가 어떤 절차를 거쳐 목표를 달성할지 구체적으로 머릿속에 떠올릴 수 있다면 이 목표는 '실천 가능한 목표'입니다. 예를 들어, 책을 읽고 줄거리를 정리하도록 만드는 성공 목표를 적은 부모가 줄거리의 요약 과정을 구체적으로 떠올릴 수 있다면 이 목표는 아이의 학습 습관 형성을 위해 부모가 도전해볼 만한 충분한 목표입니다. 만약 요약 과정은 모르지만 주변에서 줄거리를 요약하는 것이 중요하다고 하니 아이에게도 시켜봐야겠다고 생각했다면, 이 목표는 절대 달성할 수 없습니다. 부모의 머릿속에 성공의 도식이 없기 때문입니다.

어떻게 아이가 해내야 할지 방법을 아는 부모는 아이의 수준에 맞는 난이도의 책을 선정하거나, 줄거리 요약 과정을 직접 보여주며 아이가 줄거리 요약에 성공하도록 도울 수 있습니다. 아이의 흥미와 수준에 맞게 창의적인 방법을 생각해낼 수도 있지요.

줄거리에 반드시 들어갈 사건이나 인물, 배경 등을 생각해보고 중심이 되는 단어를 하나씩 포스트잇에 써보게 합니다. 그리고 포스트잇에 적은 단어를 통해 내용을 떠올리며 어떤 순서로 줄거리를 쓸지 배열해보게 합니다. 그리고 배열한 순서에 맞추어 한 문장씩 완성해보게 합니다. 마지막으로 작성한 줄거리를 소리 내어 읽어본 후, 부족한 부분을 수정하도록 합니다. 부모가 줄거리 요약의 원리를 알고, 아이가 어려워하는 부분이 무엇인지 알면 그 부분에 적절한 개입을 할 수 있습니다. 만약 어떻게 개입할지 좋은 방법이 떠오르지 않는다면 포털 사이트에 검색해서 좋은 아이디어를 찾아보세요. 부모가 적극적으로 문제를 해결하는 과정을 아이가 관찰하는 것도 학습 습관 형성에 좋은 본보기가 될 것입니다.

아이가 줄거리 요약하는 방법을 습득하고 나면 이 과정을 스스로 해내는 데 필요한 시간을 가늠하여 충분한 연습의 기회를 줍니다. 부모와 함께했던 수준으로 아이가 속도를 낼 수 없으니 처음에는 아이가 거북이처럼 느리게 해내겠지요. 그렇더라도 응원하고 지지하며 혼자 해낸 점을 격려히 칭찬해야 합니다. 그리고 아이가 책을 읽으며 줄거리 파악을 능숙하게 잘하게 되면 이 목표를 학습 계획에서 지웁니다. 그리고 새로운 도전 목표를 세워야겠지요.

성공 목표가 타당한지 살펴보기 위한 두 번째 기준은 '목표의 성공 여부를 판단할 수 있는 기준이 명확히 드러나 있는가'입니다. '공부할 시간이라고 말하면 빠르게 책상 앞에 앉는다'라는 목표에서 '빠르게' 라는 말은 부모와 아이의 기준에 따라 의미가 달라질 수 있습니다. 부모는 자신의 지시가 떨어지자마자 아이가 행동을 옮기는 것을 '빠르게'라고 생각하고, 아이는 부모가 이야기한 뒤 30분 이내에 행동으로 옮기면 자신이 '빠르게' 움직인 것으로 생각할 수 있습니다. 혹은 하던 일을 마무리하고 그다음 부모의 지시를 따르는 것을 '빠르게'라고 생각할 수 있지요.

시간이나 분량처럼 측정할 수 있는 것이라면 정확하게 그 수치를 목표에 제시하세요. '오후 6시에 공부를 시작하기 위해 5시 30분에는 오늘 해야 할 공부 목록을 정리하고 준비물을 챙긴다' '5시 30분에 공부할 준비를 하라고 지시하면 35분이 되기 전에 책상을 정리하고 책을 준비하기 시작한다'라고 성공 목표 문장을 수정해볼 수 있습니다. 이때 포인트는 공부를 시작하는 시간을 목표로 잡는 것이 아니라, 공부를 준비하는 시간을 기준으로 잡는 것인데요. 공부를 시작하라는 지시를 6시에 들으면 6시에 바로 공부를 시작하는 것이 불가능합니다. 책을 찾고, 책상을 치우고, 필통을 꺼내다 보면 시간이 금방 지나가지요. 공부를 시작하자고 이야기한 시간에 공부를 시작하는 습관을 들이려면 공부에는 준비 시간이 필요하다는 것을 알려주어야 합니다. 준비에 오랜 시간이 걸리는 아이는 길게, 준비에 짧은 시간이 걸리는 아이는 짧게 시간을 정하면 되지요. 이 경험은 아이가 휴식이나 놀이 시간을 늘리려면 어떻게 행동해야 할지 스스로 깨달을 수 있도록 돕습니다.

성공 목표가 적절한지 판단할 세 번째 기준은 '아이의 기질 특성과 지능 발달의 수준에 적합한 목표인가'입니다. 자극추구 기질이 높고 인내력이 낮은 아이는 감정과 행동을 조절하는 데 쉽게 실패하고 완벽하게 무언가를 해내는 것이 어렵습니다. 자극추구 기질이 높고 인내력이 낮은 아이는 한자리에 앉아 있기 어렵고, 쉽게 주의력을 잃습니다. 이러한 아이에게는 "똑바로 앉아서 해, 집중 좀 하자!"고 소리치는 것보다 "지금 어디까지 풀었어? 이건 어떻게 풀어볼래?"라는 질문이 필요합니다. 부모의 질문에 아이는 잠시 멍하다가 이전에 공부하던 부분을 찾아 허둥지둥할 거예요. 그러면 뭐라 하지 말고, 아이가 다시 집중을 시작할 때까지 기다려주어야 합니다. 아이가 다시 공부를 시작하면 "아, 어디서부터 하면 될지 잘 찾았구나. 하다가 힘들면 잠깐 스트레칭하고 지금처럼 다시 시작하면 돼"라고 이야기하며 아이를 지지하고 행동을 어떻게 조절하는지 방법을 알려줍니다.

기질로 인해 발생하는 문제는 아이가 예측하여 통제하기 어렵습니다. 아이가 기질을 조절하는 행동을 해내기를 기다렸다가 긍정적인 행동을 보일 때 그 모습을 묘사하고 강화해주세요. 부모가 아이의 행동을 언어로 묘사하면 아이는 자기 생각과 활동을 머릿속에 각인하고 그 절차를 조직화하게 됩니다. "책을 보고 있구나" "문제를 어떻게 풀지 생각하고 있구나"라고 특별하지 않은 행동을 언어로 묘사해주는 것만으로도 아이는 자신의 행동에 주의를 집중하고, 긍정적인 행동 패턴을 강화할 수 있습니다. 자기 행동의 인식은 행동 조절을 위한 첫걸음입니다.

　아이가 숙제를 완벽하게 하길 바란다면 먼저 숙제를 건성으로 하는 이유가 방법을 몰라서인지, 시간이 부족해서인지, 집중력이 부족해서인지, 안 해도 부모에게 혼나는 것 외엔 큰 문제가 생기지 않아서인지, 숙제의 내용이 어려워서인지 살펴봐야 합니다. 공부 문제의 원인이 아이가 지금 당장 해결할 수 없는 기질이나 지능의 영역에 속해있다면 부모가 가지고 있는 목표의 수위를 조절해야 합니다. 공부 목표가 분명해야 부모도 집중해서 그 부분에 에너지를 쏟을 수 있습니다. 반드시 공부 목표는 문장으로 정리하여 명확히 해두어야 합니다.

　성공 목표를 문장으로 만들고 목표 문장을 검토하는 것은 부모의 영역입니다. 목표가 높으면 부모와 아이가 서로 실망하게 될 것이고, 목표가 낮다면 아이의 성장에 도움이 되지 못하겠지요. 학습 진도나 속도는 아이가 감당할 수 있는 선에서 맞추어야 합니다. 하지만 학습 습관은 아이의 발달 수준에 맞추어 부모가 목표를 세워야 합니다. 과업 앞에서 아이가 자신의 동기를 조절하고 욕구를 적절히 충족해나가는 방법을 배울 수 있도록 도와주세요.

3단계 | 목표 달성 과정의 걸림돌을 찾아 대가를 계획하기

　아이의 역량에 적절한 목표를 세웠다 하더라도, 아이는 이 목표가 아득히 멀게 느껴질 수 있습니다. 부모의 지지에 부응하고 싶어서 잘해보겠다고 마음을 먹어도 막상 계획을 이행하려고 하면 부담감이 올라오며 쉽게 몸이 움직이지 않을 수도 있지요. 아이에게 딱 맞는 목표를 세웠다면 습관 훈련을 위해 세 번째로 해야 할 일은 바로 목표를 달성하는 과정에서 발생할 걸림돌을 찾는 것입니다. 이 과정은 부모와 아이가 함께 해나가는 과정입니다. 아이와 함께 목표를 실천하지 못한다면 그 이유가 무엇 때문일지 하나하나 적어보세요.

성공 목표: 집에 오면 미디어기기를 사용하기 전에 학원 숙제를 완성한다.

걸림돌 1: 학교에서 돌아오면 피곤해서 침대에 눕고 싶다.

걸림돌 2: 공부하려고 책상 앞에 앉으면 나도 모르게 컴퓨터의 전원을 켠다.

걸림돌 3: 유튜브 신규 영상 등록 알람이 뜨면 궁금해서 참기가 어렵다.

걸림돌 4: 친구들 카톡이 오면 핸드폰을 켜고 대화를 하게 된다.

걸림돌 5: 숙제가 오래 걸려 잠깐만 놀려고 하다가 시간 가는 줄 모른다.

위의 내용은 초등 6학년인 여경이가 숙제를 미루고 미디어기기를 사용하게 되는 이유입니다. 아이들도 목표를 달성하는 데 실패하는 이유를 잘 알고 있습니다. 하지만 그 순간 자신의 욕구와 행동, 감정을 조절해내기 힘든 것이지요. 걸림돌 찾아내기는 아이가 자신의 문제를 명확히 인식하도록 돕는 과정입니다. 부모의 잔소리를 들으며 자신의 문제가 무엇인지 어렴풋이 알기는 했지만, 이 문제를 자신의 것으로 받아들이지는 않았을 거예요. '귀찮다, 잔소리가 듣기 싫다, 엄마가 또 나에게 화를 내기 시작해서 짜증 난다' 정도로 받아들였겠지요.

걸림돌을 아이가 스스로 구체화하고 나면 아이는 목표를 달성하기 위해 자신이 어떤 대가를 치러야 할지 가늠하고 목표를 향해 노력할 것인지 목표를 포기할 것인지 진지하게 생각해볼 수 있습니다. 여경이가 미디어기기를 사용하기 전에 학원 숙제를 다 하는 목표를 이루기 위해서는 다음과 같은 대가를 감당해야 합니다.

> 대가 1: 피곤하지만 침대에 누울 수 없다.
>
> 대가 2: 책상 위의 컴퓨터를 거실로 옮겨야 한다.
>
> 대가 3: 유튜브 신규 영상을 바로 볼 수 없다.
>
> 대가 4: 친구들이 놀러 나오라고 불러도 나갈 수 없다.
>
> 대가 5: 공부를 마칠 때까지 핸드폰으로 오는 연락을 받을 수 없다.
>
> 대가 6: 숙제가 오래 걸려도 마칠 때까지 미디어기기를 참아야 한다.

여경이는 자신이 치를 대가를 적더니 작게 한숨을 쉬었습니다. 여경이에게 해볼 만한 것과 어려운 것을 구분해보게 했어요.

해볼 만한 것	어려운 것
1. 숙제를 마칠 때까지 침대에 눕지 않는다. 2. 유튜브 신규 영상 알람을 꺼둔다. 3. 공부를 마칠 때까지 핸드폰을 무음으로 한다.	1. 친구들이 놀자고 할 때 거절한다. 2. 컴퓨터를 거실로 옮긴다. 3. 숙제를 마칠 때까지 핸드폰, 컴퓨터를 모두 사용하지 않는다.

여경이가 작성한 내용을 토대로 여경이와 어머니가 성공 목표를 달성하기 위한 규칙을 작성해보도록 했습니다. 학원 숙제를 그날 마무리하기 위해 지금까지 해왔던 행동을 어떻게 바꾸어야 할지 고민하던 여경이는 다음의 4가지를 규칙을 정했습니다.

---

1. 숙제를 거실 책상에서 한다.
2. 숙제하는 동안 미디어기기의 전원을 끈다.
3. 친구들과 노는 약속은 미리 잡아 엄마에게 알린다.
4. 숙제하는 중간에 쉬고 싶으면 학습만화를 읽거나 슬라임을 한다.

4단계 | 실행하기와 피드백

사실 걸림돌을 찾고 대가를 계획하게 하는 것으로 아이의 행동에 드라마틱한 변화가 일어나지는 않습니다. 하지만 아이가 자신이 세운 목표를 위해 무엇을 감당해야 할지 분명하게 하는 과정을 거치는 것은 과도한 목표를 세우고 실패하는 시행착오를 줄이고 자신의 행동에 대한 가이드 라인을 구체화함으로써 실천의 가능성을 높입니다. 아이가 성공 목표를 달성하기 위한 규칙을 작성했지만 이대로 행동하지 못할 수 있습니다. 이때 "네가 한다고 해놓고 이러기니?" "네가 한 약속도 못 지키면서 커서 뭐가 되려고 그래!"라고 비난하지 말고 걸림돌을 찾고 대가를 계획하는 과정을 다시 한번 진행하세요. 규칙을 지키지 못했던 걸림돌이 무엇인지 다시 생각해보고 새로운 계획을 세워 행동을 조절해볼 또 다른 기회를 만들면 됩니다. 그리고 크지 않더라도 미세한 변화가 보인다면 아이에게 언급해주세요. 숙제를 다 하지는 못해도 컴퓨터 사용을 잘 조절한다면 "전에는 학교에서 돌아오면 자동으로 컴퓨터를 켜더니, 이젠 잘 참는구나"라고 응원해주세요. 숙제를 미루긴 했지만, 갑자기 친구들과 놀고 싶다며 나가게 해달라고 조르는 행동이 줄었다면 이 부분을 칭찬해도 좋습니다. 4단계에서는 목표를 달성하기 위해 3단계에서 세운 규칙을 지속해서 지킬 수 있도록 아이를 응원하고 지지해야 합니다. 예상하지 못한 문제가 발생하여 새로운 걸림돌이 생기면 규칙을 수정 보완해나가며 아이가 습관을 완성해낼 수 있도록 도와주세요.

03

습관 형성에 도움이 되는 학습 기술 솔루션

　습관을 형성하는 과정은 부모가 아이의 공부에 대한 인식을 바꿔주는 과정입니다. 습관 형성의 과정에서 아이는 자신의 결점에 비난받기보다 성장과 발전을 확인해야 하지요. 이 과정은 결국 아이 자신이 주도적으로 무언가를 성공시킬 힘과 기술이 있는 사람임을 알게 돕습니다. 그런 의미에서 자기 주도적 학습, 공부에서의 독립은 결과가 아니라 과정이 중요합니다. 아기처럼 편하게 있고 자신이 할 일을 누군가가 대신해주길 바라는 마음에서 벗어나려는 끊임없는 도전과 홀로 해낼 수 있는 기술을 익혀나가는 매 순간이 아이에게는 소중합니다. 지금부터 아이의 학습 습관 형성에 도움이 되는 학습 기술에 대해 자세히 알아보겠습니다.

솔루션 1.
'시간 계획 관리' 3단계를 기억하세요

성공하는 계획을 세우기 위해서는 현재 어떤 성공을 이루고 있는지 아는 것이 중요합니다. 계획 관리의 첫 단계는 시간당 학습량이나 학습 목표당 수행 시간을 확인하여 주의집중력의 정도를 구체적으로 파악하는 것입니다. 시간 계획 관리를 처음 시작한다면 매일 공부를 얼마나 할 것인지 확정하기 전에 준비 기간을 가지세요. 7~10일 정도 집중해서 한 번에 얼마나 학습을 할 수 있는지, 중간에 1~2분 정도의 휴식이나 심호흡 정도로 마음을 가다듬고 학습을 반복하여 완성할 수 있는 최대 학습량이나 시간은 어느 정도인지 학습 일지를 통해 기록합니다.

초등학생이라면 시간이나 분량의 기준을 정하고 그에 따라 얼마나 학습했는지 7~10일 정도 기록한 후, 각 학습 항목별로 필요한 시간의 평균이 정해지면 하루의 일과를 살펴 주간 계획을 세워볼 수 있습니다. 보통 학생들은 주당으로 학교의 시간표가 정해지고, 학원 시간도 주간으로 진행되므로 주간 계획을 세우는 것이 효율적입니다. 만약 학원에 다니지 않아 매일 학습할 분량이 같더라도 주간 계획을 세워 규칙적으로 한 주의 학습 완성도를 검토하고, 다음 주의 학습을 점검하는 것이 좋습니다. 주간 계획에는 과목과 교재명, 분량, 진행하는 단원명을 구체적으로 기록하는 것이 좋습니다. 그리고 만약 학습의 완성도를 높이고 싶다면 학습 내용을 얼마나 숙지할 것인지, 혹은 어떤 절차를 걸쳐 학습할 것인지 등도 명시할 수 있습니다.

하지만 시간 계획을 처음 세우고 실천한다면 정해진 분량을 정해진 시간 안에 마무리하는 것을 목표로 하여 훈련하기를 추천합니다. 아이가 계획을 자주 미루는 편이라면, '오늘의 계획은 내일로 미룰 수 있지만, 이번 주의 계획은 다음 주로 미룰 수 없다'는 원칙을 알려주세요. 주말 오전이나 오후 중 3~4시간 정도를 일정하게 비워두고, 한 주에 미룬 계획을 해치우는 '밀린 공부 청소 시간'을 운영하는 것입니다. 이는 '클리닝 타임'이라고 부르기도 하고, '버퍼 데이'라고 부르기도 하는데요. 계획이 미루어질 것을 예상하고 계획의 마감 전 목표를 달성할 수 있는 여유 시간을 마련해두는 것이지요. 처음 시간 계획을 세워 습관을 들이는 중이라면 한 주의 계획을 뒤로 미루지 않는 규칙을 반드시 지키도록 노력해야 합니다.

부모와 아이 모두 기질적으로 절제력이 높고 인내심이 강한 편이며, 아이의 학년이 초등 중학년 정도로 학습에 익숙한 상태라면 계획 관리 기술을 획득하는 데 보통 3주 정도의 시간이 소요됩니다. 인내력이 낮은 편이거나 시간 계획 관리를 훈련하는 기간에 부모가 회사 일로 바쁘거나 가족 여행 등으로 지속적인 훈련이 어렵다면 계획에 맞추어 학습하는 습관을 형성하는 데 시간이 오래 걸릴 수 있습니다. 초등 저학년 아이라면 한 학기 동안 아이의 학습 습관을 길러준다 생각하고 하나하나 시작하는 것이 좋습니다. 초등 고학년 아이라면 자신이 왜 부모의 지시에 따라야 하는지 반감이 들 수 있습니다. 하지만 저항의 단계를 잘 넘기면 지적 능력이 발달한 만큼 시간 계획 관리도 빠르게 익혀나갑니다.

아이를 책상에 앉힐 때 실랑이를 하지 않아도 되고, 해야 할 일정을 빠트리지 않고 잘 해내는 날이 일주일 이상 지속된다면 매일매일 학습 완성도를 체크하던 것을 멈춰도 좋습니다. 이후에는 중간중간 아이의 학습 이행에 적절한 피드백을 주며 계획을 완수할 수 있도록 조력해주면 됩니다. 초등 저학년은 매일 저녁, 초등 3~4학년은 주에 2회 정도, 초등 고학년은 주에 1회 정도 학습 완성도를 체크하고 계획의 완급을 조절할 필요가 있습니다. 피드백에는 늘 스스로 하는 아이의 모습에 대한 감탄과 이런 아이를 둔 부모의 뿌듯함을 확실히 전달하고, 미흡한 부분이 있다면 클리닝 타임에 하자고 격려하며 마무리하면 됩니다. 평가적인 태도로 지도하지 말고 이전에 비해 달라진 아이의 모습에 감탄하는 마음을 기본으로 장착하고 대화를 시작하세요.

일반적으로 아이는 스스로 최선을 다했을 때 계획의 80% 정도를 무난하게 완수합니다. 이때 아이가 해낸 80%에 담긴 아이의 자율성과 주도성을 지지해주세요. 초등 공부에서는 속도가 아니라 태도가 중요합니다. 80%를 이미 해냈으니 남은 20%도 충분히 할 수 있는 사람임을 스스로 느낄 수 있도록 도와주세요. 반면에 아이가 계획을 턱없이 완수하지 못했다면 그것은 과도한 계획을 세웠기 때문일 수 있습니다. 이때에는 처음의 목표는 적은 분량으로 시작하되 아이가 계획을 잘 수행하면 조금씩 학습량을 늘려주세요.

솔루션 2.
아이가 대충 공부한다면 과목별 학습 루틴을 만드세요

　조금만 고민하면 풀어낼 수 있는 수학 문제를 눈으로 쓱 읽어보고 모르겠다고 판단한 뒤 별표를 치고 넘어가는 것은 잘못된 공부 습관입니다. 어렵다고 느끼면 바로 별표를 치는 아이들에게는 풀기 불가능한 문제와 노력하면 풀 수 있는 문제를 구분하는 기준을 정해줘야 합니다. 예를 들어, 별표를 치기 전에 해야 할 검증 단계를 통해 습관을 들여주는 것이지요. 문제를 읽고 모르겠다고 판단되면, 1단계인 '천천히 소리 내어 2번 읽어본다'를 실행하게 합니다. 1단계를 실행해도 문제를 못 풀겠다는 생각이 들면 2단계로 넘어가게 합니다. 2단계는 '어떤 개념을 활용하는 문제인지 찾아보기'입니다. 풀고 있는 단원의 앞부분에 요약되어 있는 설명 부분에서 찾아보도록 안내해주면 됩니다. 문제에 활용할 개념을 찾기 어려워한다면 개념에 대한 이해가 부족한 상황일 수 있습니다. 개념 학습을 다시 해야겠지요.

　2단계까지 완성했지만 그래도 풀기 어렵다면 그때 별표를 치도록 합니다. 2단계까지 진행하고도 풀어야 할 문제의 30% 이상에 별표를 친다면 아이의 능력에 비해 난도가 너무 높은 문제집일 가능성이 있습니다. 문제 풀이를 시도했으나 답이 나오지 않는 경우에는 어디까지 풀어보았으나 답이 나오지 않았는지 간단하게 기록하도록 합니다. 그러나 이런 절차를 거쳐 수학 문제를 푼다면 풀이 시간이 오래 걸립니다. 매일 이렇게 공부하면 아이가 지칠 수 있으니 주 1~2회 정도 여유가 있는 날을 정해 훈련의 의미로 실행하거나 숙제를 건성으로 하여 문제가 발생했을 경우 벌칙으로 활용해보기 바랍니다.

아이가 건성으로 공부해 걱정이라면 과목별로 공부 절차를 정하세요. 교과서와 달리 참고용 교재는 책의 구성 자체가 복잡합니다. 어느 부분을 읽어야 할지, 어느 부분이 핵심인지 아이들이 스스로 파악하기 어렵습니다. 먼저 국어의 경우 참고서에서 어떤 부분은 암기하고, 어떤 부분은 가볍게 읽을지 아이와 교재를 살피며 이야기를 나눕니다. 이때 아이가 학습 목표에 해당하는 내용을 제대로 숙지하고 문제를 풀어 학습 내용을 확인하는 과정을 담을 수 있도록 챙기는 것이 중요합니다.

○○이의 국어 공부 과정

1. 교재에서 본문을 찾아 먼저 읽어본다.
2. 주요 개념과 어휘, 설명 부분을 읽으며 중요한 부분은 색깔 펜으로 칠한다.
3. 색깔 펜으로 칠한 부분을 소리 내어 읽어본다.
4. 문제를 푼다.
5. 오답은 해답지를 보며 틀린 이유를 문제 밑에 정리한다.

아이마다 학습에서 놓치는 부분이 다릅니다. 하지만 아이의 대부분이 개념 부분을 찬찬히 읽기보다는 문제 풀이에 매달리는 경향이 있습니다. 문제는 안 풀면 티가 나지만 내용 설명 부분은 읽어도, 안 읽어도 확인하기 어렵기 때문이지요. 사회 과목에서는 지도나 도표의 학습이, 과학 과목에서는 용어에 대한 이해와 암기가 중요합니다. 아이의 이전 학습에서 미흡했던 부분을 관찰하고 그 부분이 보완될 수 있도록 학습 절차를 정해 아이의 학습이 탄탄해질 수 있도록 도와주세요.

솔루션 3.
아이의 학습 로드맵을 만들어보세요

인지능력은 반복적인 훈련을 통해 발달하므로 일찍 학습을 시작한 아이들과 하루에 많은 시간 학습하는 아이들이 그렇지 않은 아이들에 비해 좋은 성취도를 내는 것은 당연합니다. 하지만 초등 시기 아이는 마음과 몸, 생각이 성장하는 시기에 있으므로 학교 학습을 잘 따라가고 있다면 큰 문제가 없습니다. 그럼에도 주변 이야기를 들으며 불안한 마음에 아이를 다그치고 재촉하게 된다면 중학교 입학까지 학습 진도에 대한 대략적인 목표를 세워보세요. 지금 시급한 것과 천천히 해도 되는 것, 장기 목표를 가질 것과 단기간에 해낼 것을 분류해보면 불안한 마음이 조금은 편안해집니다.

먼저 국어의 경우 초등 시기 동안 학습할 부분을 시중에 출간된 교재들로 보면 어휘, 독해력, 글쓰기, 문법 정도로 나누어볼 수 있습니다.

초등 저학년은 읽기 능력의 발달이 중요하므로 많은 어휘를 접하는 것이 필요합니다. 어휘력을 높이기 위해서는 어휘 문제집을 풀어볼 수도 있지만, 어휘 문제집에 나온 어휘를 책이나 대화에서 자주 사용하지 않으면 쉽게 잊어버립니다. 암기한 영어 단어가 시간이 지나면 기억나지 않듯이요. 그래서 어휘력이 아주 부족한 경우가 아니라면 독서를 통해 어휘력을 높여나가는 것을 추천합니다. 초등 저학년 아이들을 위한 속담이나 수수께끼, 사자성어 책은 어휘력을 높이고 비유적 표현을 이해하는 방법을 익히는 데 도움이 됩니다.

아이가 글을 읽으며 내용을 능숙하게 파악할 수 있다면 주어진 지문을 이해하여 문제를 해결하는 능력을 키워주세요. 시중에 나와 있는 독해력 문제집은 다양한 분야의 지문을 제공하므로 아이가 평상시 접하기 어려운 내용의 글을 읽을 기회를 줍니다. 또한 문제를 풀며 출제자의 입장으로 생각하는 훈련도 할 수 있지요. 초등 중학년부터는 매일 독해 지문을 꾸준히 풀어보기를 추천하며, 초등 고학년이라면 지문에서 읽은 내용을 자신의 배경지식과 연결하여 지식을 점차 확장해낼 수 있어야 합니다.

초등 저학년 아이는 아직 쓰기보다는 말하기에 능숙합니다. 3학년이 되어도 철자법이나 문법에 맞추어 글을 쓰는 것은 아직 어렵습니다. 이 시기에는 자신이 무엇을 표현하려 했는지 드러나게 글을 쓰도록 도와주는 정도로도 충분합니다. 쓰기가 자신의 느낌이나 생각을 표현하는 하나의 방법임을 알아나가는 수준에서 쓰기를 경험해야 합니다. 생각을 정리하여 논리적인 글로 작성하는 과정은 초등 고학년이 되어야 가능합니다. 아이가 자신이 쓴 글을 읽어보고 전달하려는 바가 글에 잘 드러나는지, 어색한 부분은 없는지 퇴고하는 시간을 갖도록 도와주세요.

초등 교육에서 배우는 문법은 크게 까다롭지 않지만, 중학교 1학년에 들어가면 문법이 중요해집니다. 본격적인 국어 문법은 초등 6학년 방학 기간을 이용하여 도전해보는 것을 추천합니다. 중학교 입학 전 문법을 반드시 예습해야 하는 것은 아닙니다. 하지만 국어 과목을 좋아하는 편이라면 예비 중1을 위한 문법 교재를 인터넷 강의 등으로 도전해볼 수 있습니다. 문법은 낯선 용어들이 많이 나오므로 공부하더라도 잊기 쉽습니다. 어려운 교재로 어렴풋이 이해하고 넘어가기보다는 초등 과정에서 배운 내용을 정리하고 다듬어준다 싶은 수준의 교재를 택해 학습하는 것이 좋습니다. 아이와 여러 교재를 비교하고 골라보는 것을 추천합니다.

수학은 교과서를 살펴보면 수와 연산, 도형, 측정, 자료와 가능성, 규칙성 정도의 내용으로 구성되어 있습니다. 시중에 나온 교재들도 연산 문제집, 도형 문제집, 교과 문제집 등 교과 내용을 기반으로 하지요. 교재들을 문제의 난이도로 나누어보면 개념서, 응용 문제집, 심화 문제집, 경시 문제집이 있으며, 목적에 따라 사고력 문제집, 서술형 문제집도 출간되어 있습니다. 수학은 교과서와 연계된 문제집을 풀리며 아이의 부족한 영역을 보충해주는 방식으로 진행하세요. 수학은 수를 잘 다루는 것이 아니라 논리적으로 생각하는 힘을 길러주는 과목입니다. 아무리 빠르고 정확하게 수를 셈하더라도 수학 문제의 지문 내용을 이해하지 못한다면 소용이 없습니다. 수학 문제의 지문은 국어 지문과 달리 단어 하나하나가 중요한 의미를 담고 있습니다. 저학년이라 하더라도 문제를 정확하게 이해하는 것이 중요하며, 이를 위해서는 수학적 개념을 명확하게 알아야 하므로 연산에만 수학 학습이 치중되지 않도록 주의하세요.

초등 저학년 아이는 문제를 읽고 해결하는 과정에 익숙해지고, 학년에 맞는 연산을 잘 해낸다면 충분합니다. 초등 3~4학년부터는 연산의 정확도와 속도가 중요하므로 아직 이 부분이 미흡하다면 반드시 보충 학습을 해주세요. 초등 고학년은 중등 과정에 들어가기 위한 기본기를 닦는 시기입니다. 아이가 개념을 충분히 응용할 수 있도록 학습 목표를 세우고, 응용 문제도 잘 해결한다면 심화 문제로 문제 풀이 능력을 높이는 것을 추천합니다. 초등 고학년부터는 어려운 문제를 곰곰이 생각해보는 습관을 반드시 길러야 합니다. 하루에 한두 문제라도 풀리지 않는 문제를 여러 차례 도전해보도록 응원해주세요.

영어 교과는 부모의 목표에 따라 학습의 강도와 속도에 차이가 있습니다. 아이가 해외에서 공부할 수 있을 정도로 영어 수준을 높이고 싶은 부모도 있고, 학교에서 좋은 성적을 받는 정도를 목표로 하는 부모도 있습니다. 부모가 가지고 있는 영어 교육의 목표를 명확히 하여 이에 적합한 교육 환경을 제공하면 됩니다. 다만 영어 실력은 모국어 실력에 비례합니다. 이해력이 탄탄해야 영어 지문의 내용도 받아들일 수 있지요. 영어 문장을 한국어로 해석은 하면서 막상 지문의 내용은 이해하지 못하는 아이들이 있습니다. 단어를 영어 단어로는 알면서 그 의미는 잘 설명하지 못하는 아이들도 있습니다. 영어 학습에 중점을 두고 있다면 아이의 언어 능력이 또한 향상하고 있는지 관찰하세요.

아이가 초등 시기 학교에서 배우는 내용을 탄탄하게 다잡고 가길 바란다면 학교에서 나가는 진도에 맞추어 복습을 꾸준하게 해야 합니다. 아이에게 상위권의 성취도를 기대한다면 한 학기 정도의 예습과 현재 교과 내용의 심화 학습을 요구할 수도 있습니다. 영재고나 과학고를 목표로 하고 있다면 3년 이상의 선행학습을 해낼 능력이 있어야 합니다. 만약 아이를 지켜보며 아이의 성장에 맞추어 학습의 목표를 정하고 싶다면 학교에서 정기적으로 실시하는 학부모 면담을 활용하여 아이가 수업을 충분히 따라가고 있는지 확인하세요. 아이가 현재 배우는 내용을 잘 따라가면 학습의 난도를 조금 높여보고, 아이가 학교에서 배우는 내용을 제대로 숙지하지 못한다면 복습으로 실력을 키울 수 있도록 도우며 초등 6년을 보내도 충분합니다. 초등 시기는 유능해지는 방법을 알고 노력으로 무언가에 성공했을 때 느끼는 보람의 가치를 알아간다면 충분합니다.

솔루션 4.
배운 내용을 쉽게 잊는다면 복습이 답입니다

시각적, 청각적 기억력이 우수하고 새로운 것에 망설임 없이 다가가서 적극적으로 탐색하는 대담하고 외향적인 유형의 아이는 기억력과 처리속도가 빨라 순간 집중력을 발휘하여 빠르게 학습을 완성하는 특징이 있습니다. 그러나 빠르게 학습한 정보를 장기기억화하기 위해서는 학습한 내용을 반복해서 보거나, 배운 내용을 정리하여 체계화하거나, 문제를 풀며 부족한 부분을 보완하는 되새김의 시간이 필요합니다. 그러나 기억력이 좋고 속도가 빠른 아이는 단기기억에 저장된 학습 내용이 완벽하게 자기 것이라고 착각하고, 이해력과 추론력을 활용하여 배운 내용을 자기 것으로 만드는 데 시간을 투자하지 않습니다.

집중력과 기억력이 좋아 배우는 속도가 빠른 아이에게 충분한 다지기와 복습 없이 선행 속도를 높이면 결국 제대로 익히지 못한 부분들이 함정이 되어 학습 전체를 무너트리기도 합니다. 예를 들어, 선생님이 문제를 풀어주면 그 과정을 빠르게 기억해서 바로 똑같이 문제를 풀어낼 수는 있지만, 다음날 그 문제를 다시 풀어보라고 하면 못 풀어내거나 새로운 단원을 배우기 시작하여 지난 단원에 배운 내용을 물어보면 기억하지 못하는 식입니다. 단기기억력에 의존하여 학습하는 아이는 학습 내용이 복잡하지 않은 초등 저학년 시기에는 잘 따라가는 것처럼 보입니다. 그러나 초등 고학년이 되면 이해와 추론 능력의 발달이 충분히 이루어지지 않아 복잡한 학습 내용을 받아들이기 어려워하게 됩니다. 그리고 빠르게 이해가 되지 않으니 짜증과 답답함 등의 불쾌한 감정이 올라오면서 공부 자체에 흥미를 잃고 포기하기도 하지요.

빠르게 배우고 금방 잊는 스타일의 아이를 두었다면 반드시 아이의 복습에 관심을 기울여야 합니다. 먼저, 수업 시간에 배운 내용을 익히고 다지는 데 시간을 충분히 확보해야 합니다. 물론 이런 유형의 아이들은 복습을 무척 싫어합니다. 자신은 이미 다 알고 있으므로 반복해서 보는 것은 지루하고 필요 없는 일이라고 생각하는 것이지요. 우선 아이의 이러한 짜증에 동의해주세요. 아이의 입장에서는 화가 날 수 있습니다. 그리고 아이가 배운 내용을 다 알고 있는데 왜 복습해야 하냐고 물어본다면, 이번 주에 배운 내용을 간단하게 설명해보라고 질문하세요. 혼내듯 말고 다정하게요. 잘 알고 있는 부분도 있고, 설명하지 못하는 부분도 있을 거예요. 아이가 머뭇거리고 대답하지 못한다면 공부의 과정을 설명해주세요. 공부란 새로운 내용을 알게 된 것에서 끝이 아니라 '배우고-익히고-배운 내용을 상황에 맞게 꺼내어 사용하는 것', 이 3단계가 모두 완벽할 때 우리는 제대로 된 학습을 하는 것이라고 말이에요.

단기기억에 저장된 정보는 반복 학습을 통해 정보의 의미가 정교화되거나 다른 지식과의 연관성을 명확히 이해하게 되면, 그 기억은 장기기억이 되어 쉽게 소실되지 않습니다. 이해하려는 노력이나 문제를 해결하려는 사고의 과정 없이 저장된 지식은 응용의 힘이 떨어집니다.

고학년이 되어 복잡하고 추상적인 내용을 이해하기 위해서는 사고하고 추리하는 고등인지 기술이 필요한데 단순히 암기하는 방식으로 학습해온 아이들에게는 어려운 일입니다. 작업기억과 처리속도가 빠른 아이들이 초등 고학년까지 빠른 선행을 잘 따라오다가 중학교 이상의 교육과정을 선행하게 되면 학습 의욕을 잃고 성취도가 낮아지는 이유가 바로 여기에 있습니다. 작업기억 능력과 처리속도가 높은 아이들에게 문제가 풀리지 않는 이유를 설명하도록 함으로써 이해력과 추론력을 사용할 기회를 주세요.

만약 학원에서 아이가 배우는 속도가 빠르다고 칭찬하며 선행을 나가자고 하는 경우에는 꼭 기억하세요. 개념서와 응용서 정도의 문제 풀이를 빠르게 마치고 다음 학년 진도를 나가는 것은 조심해야 합니다. 아이가 빠른 선행을 나갈 정도의 실력이라면 이미 학습한 내용의 심화 문제도 풀어낼 수 있어야 해요. 고학년의 개념을 빠르게 익히는 것보다 개념을 문제에 적용하는 응용력과 사고력을 키워나가는 것이 중요합니다. 학원에서 선행을 빠르게 나가는 경우 아이의 실력도 충분히 다져지고 있는지 가정에서 확인해야 합니다.

빠르게 배우지만, 쉽게 잊어버리는 아이들을 위해 가정에서 가볍게 해볼 수 있는 몇 가지 방법을 안내해드립니다. 이 과정을 통해 아이의 이해력과 추론력도 함께 높아질 거예요.

학습 내용 중 중요하다고 생각하는 내용 3가지 뽑기

오늘 공부한 내용 중 앞으로 자신에게 가장 필요하다고 생각되는 내용 3가지를 순서대로 설명해보게 합니다. 학습 내용을 제대로 알고 있는지도 확인할 수 있지만, 아이의 주 관심사나 경향성도 알아볼 수 있습니다. 만약 아이가 머뭇거린다면 이렇게 이야기하세요. "얼른 가서 한번 훑어보고 3가지 골라와." 이때 아이가 제대로 응답하지 못한다고 잔소리를 시작하면 아이가 이야기를 꺼낼 수 없습니다. 아이가 부모의 질문에 답할 수 있도록 기회를 주고 방법을 알려주세요. 어떻게 하는지 알고 몇 번 훈련을 거치면 점점 수월하게 해내게 됩니다.

오답의 오오답 Day

한 주에 1시간 정도를, 한 달 전 그 주의 오답을 풀어보는 시간으로 정합니다. 모르거나 틀린 문제를 이미 해결하고 넘어갔겠지만, 시간이 흐르면서 기억이 흐려졌을 수도 있잖아요. 만약 한 달이 너무 길다면 2주 전의 오답을 푸는 것으로 간격을 조정해도 됩니다. 초등 고학년 아이들에게는, 틀린 문제를 학교나 학원에서 배워오면 집에 돌아오자마자 다시 풀어보는 빠른 오답 정리-일주일 뒤에 다시 풀어보는 오답 정리-3주 뒤에 다시 풀어보는 오오답 정리까지 3번 반복을 해보라고 하기도 합니다. 아주 극선행을 나가는 친구들에게는 이러한 방법으로 복습을 시키기도 합니다만 일반 아이들의 경우에는 2번 정도의 오답 반복만으로도 충분합니다.

틀린 문제와 비슷한 문제 찾기

수학 문제에서 반복적으로 실수를 한다면 제대로 좀 풀라고 잔소리하기 전에 이 방법을 시도해보세요. 아이가 풀고 있는 문제집과 비슷한 난이도의 다른 문제집을 구매해서 틀린 문제와 비슷한 유형의 문제를 찾아 복습해보도록 하는 건데요. 아주 같은 문제를 찾는 것이 어렵지만 그래도 하루에 한두 개 정도의 오답은 이렇게 시도해보는 것도 좋습니다. 틀린 문제를 완벽하게 익히는 데도 도움이 되고, 문제 풀이가 아니라 문제의 유형을 보는 눈도 키울 수 있습니다.

다양한 복습 방법 시도하기

학습 내용을 요약하고 체계적으로 정리하여 조직화하는 것은 단기기억을 장기화하는 데 매우 효과적인 방법입니다. 기억력이 좋은 아이는 다지기를 좋아하지 않으므로 같은 내용을 반복해서 보라고 하면 눈으로만 대충 보는 경향이 있어요. 그러므로 복습을 다양한 방법으로 할 수 있게 도와주면 좋습니다. 마인드맵을 그리거나 개념 단어장을 만들어보는 것도 도움이 됩니다. 수학의 한 단원을 마인드맵으로 그린다면 먼저 큰 줄기는 부모님이 정해주는 것이 좋습니다. 중요한 개념과 개념 설명, 주로 실수하는 문제, 풀기 어려운 문제와 같이 자료를 조직화하기 위한 기본 틀을 주면 아이가 채워나가며 완성할 수 있도록 하는 것도 좋습니다.

오답 복습의 날을 추천합니다!

　현행 학습을 하는 경우라면 괜찮지만 자기 학년 이상의 수학 진도를 나가고 있다면 반드시 오답을 완벽히 익히고 넘어가야 합니다. 오답 노트는 분명히 수학 실력을 높여주지만, 시간이 많이 소요되고 힘이 듭니다. 그래서 대부분 미루고 미루다 결국 오답 복습을 안 하고 넘어가지요. 오답 학습을 처음 하는 아이라면 최대한 그 절차가 간단하고 심적으로 부담이 느껴지지 않을 정도의 분량을 선정해야 합니다. 반드시 복습해야 할 오답을 선별하는 과정이 필요한데요. 매일 수학 학습 후 복습할 오답을 고르고 오답을 복습할 날짜와 번호를 붙입니다. 예를 들어, 오답을 복습하기로 정한 날이 일요일 오전이고, 이번 주 일요일이 7월 5일이라면 7/5-①, 7/5-②, 7/5-③··· 이런 식으로 문제 앞에 크게 적어둡니다. 오답이 늘어나면 정한 시간 내에 해결하기 어려우니, 연산 과정이나 문제가 제시한 조건에 맞게 답을 제시하지 못해 틀렸으나 문제 풀이 전략을 세우고 식을 도출하는 데 성공했다면 복습할 오답으로 선정하지 않습니다.

　오답 복습의 날은 2시간 정도의 일정으로 매주 진행할 요일을 정하세요. 오답 복습을 위해서는 먼저 번호를 매긴 틀린 문제의 개수를 세고 풀이 시간을 정합니다. 25문제에 30분 정도가 적당합니다. 정한 시간 안에 문제를 푼 후, 또다시 풀지 못한 문제의 경우 문제를 푸는 데 필요한 수학적 개념은 교과서나 참고서에서 찾아 문제 옆에 적습니다. 그리고 다음번 오답 복습의 날에 한 번 더 복습하기 위해 다음번 오답

날짜를 적어둡니다. 이렇게 모인 오답과 새로운 한 주간에 모인 오답을 정한 요일의 시간에 다시 복습합니다. 완벽히 나의 것이 되도록 말이지요.

반드시 복습할 오답을 잘 선별하기 위해서는 문제를 풀 때 풀이 과정을 깔끔하게 정리해두어야 합니다. 그래야 내가 실수한 이유를 분명히 알 수 있습니다. 수학 문제집에 문제를 풀면 풀이 과정을 정리할 빈칸이 부족하고, 오답 복습 시 완벽하게 나의 실력을 검증할 수 없으니 반드시 풀이 노트에 풀이 과정을 쓰세요. 풀이 노트는 일반 노트를 반으로 접어 문제 번호를 적고 풀이 과정을 적어나가면 됩니다. 보통 한 페이지에 4개 정도의 풀이를 적는 것이 적당합니다. 풀이 노트에도 여백이 있어야 채점하며 틀린 부분을 찾아 표시도 해두고, 새로운 풀이 과정을 덧붙여 적어둘 수도 있으니까요.

마지막으로 시험 후 오답을 확인하거나, 문제집의 실수를 줄이기 위해 오답 학습을 할 때에는 오답의 원인을 스스로 분류하도록 지도하세요. 아이가 문제를 푸는 데 필요한 기본 개념의 이해가 부족했는지, 문제에서 제시된 조건을 풀이에 적용하는 데 실패했는지, 문제의 지문을 이해하거나 풀이 과정에서 착각하여 실수했는지, 연산 실수로 인한 오답인지에 따라 틀린 이유를 찾아보세요. 연산 실수의 경우 시간 안에 빠르게 문제를 실수 없이 푸는 훈련이 필요하지만 다른 이유의 오답은 배운 내용을 익히는 과정에서 좀 더 노력이 필요함을 의미합니다.

미주

1) Thomas, A., Chess, S. (1977). Temperament and Development. New York: Brunner/Mazel.

2) Thomas, A., Chess, S., & Birch, H. (1970). The origins of personality. Scientific American, p.223, pp.102-109.

3) '낄 때 끼고 빠질 때 빠져라'를 줄여 이르는 말로, 모임이나 대화 따위에 눈치껏 끼어들거나 빠지라는 뜻으로 하는 신조어입니다.

4) 곽금주, K-WISC-Ⅴ 이해와 해석, 학지사, 2021, p.15.

5) 가소성이란 뇌가 사용하고 활용하는 방향으로 발전하며, 학습과 경험이 뇌를 변화시킨다는 뜻입니다.

6) 카텔(Cattell)은 지능이 유동적인 지능과 결정적인 지능으로 나뉜다고 주장하는데요. 유동적인 지능은 유전적으로 결정되는 지능으로 언어 능력, 기억력, 추리 능력, 도형의 원리나 규칙 유추하기 등이 이에 해당합니다. 결정적인 지능은 교육과 환경을 통해 영향을 받는 지능인데요. 여기엔 어휘력, 이해력, 지식, 논리적인 추리 능력, 산술 능력 등이 포함됩니다.

7) 가드너(Gardner)는 지능이 문화적으로 가치 있다고 여기는 것을 만드는 능력이라고 보았습니다. 하워드는 지능을 언어지능, 논리수학 지능, 공간 지능, 신체 운동 지능, 음악 지능, 대인관계 지능, 자기 이해 지능, 자연 탐구 지능으로 분류했습니다.

8) 리처드 니스벳, 인텔리전스, 김영사, 2010, p.18, p.25.

9) Weschler, David (1939). The measurement of adult intelligence. Baltimore: Williams & Wilkins, p.229.

10) 귀납추론은 사실이나 현상에서 일반적인 결론을 끌어내는 추리의 방법입니다.

11) 양적추론은 숫자, 그래프, 표 등으로 나타낸 데이터를 분석하고 활용하는 능력입니다.

12) 추상적 사고능력은 추상적이고 관념적인 개념이나 원리를 이해하는 능력입니다.

13) 수학적 추론 능력은 수학적 개념이나 원리를 새로운 문제에 적용하여 풀어내거나, 수학에 대한 기억과 지식을 토대로 일반적인 원리와 개념을 논리적으로 끌어낼 수 있는 능력을 의미합니다.

14) 수학적 문제해결 능력은 문제를 창조적이고 논리적인 사고를 통해 적절하게 해결하는 능력을 의미합니다. 문제를 분석하고 그것을 토대로 해결책을 찾아 문제를 풀어나가는 모든 과정이 포함됩니다.

15) Duckworth, A. L., Seligman, M. E. (2005). Self-discipline outdoes IQ in predicting academic performance of adolescents. Psychological science, 16(12), pp.939-944.

16) 전두엽은 대뇌의 앞부분에 위치하며, 기억력과 사고력, 의사 결정, 계획, 문제해결을 주관하는 기관입니다.

초판 1쇄 발행 2023년 2월 20일

지은이 권혜연
펴낸이 민혜영
펴낸곳 (주)카시오페아 출판사
주소 서울시 마포구 월드컵로14길 56, 2층
전화 02-303-5580 | **팩스** 02-2179-8768
홈페이지 www.cassiopeiabook.com | **전자우편** editor@cassiopeiabook.com
출판등록 2012년 12월 27일 제2014-000277호
책임편집 오희라 | **책임디자인** 최예슬
편집 이수민, 오희라, 양다은 | **디자인** 최예슬
마케팅 허경아, 이서우, 이애주, 신혜진 | **경영지원** 장은옥

ⓒ권혜연, 2023
ISBN 979-11-6827-095-4 03590

- 잘못된 책은 구입하신 곳에서 바꿔 드립니다.
- 책값은 뒤표지에 있습니다.